表　対流圏におけるさまざまな大気運動・大気擾乱（気象現象・気象擾乱）の分類

	大　規　模		中間規模	中規模	小規模
	←――――大　規　模グループ――――→	＊	←―――中・小規模グループ―――→		
サイズ（水平）	10,000 km 以上	数千 km	1,000 km 以下	数百 km	10 km 以下
サイズ（鉛直）	10 km	10 km	10 km	10 km	1 km
$\dfrac{鉛直サイズ}{水平サイズ}$（比）	$\dfrac{1}{1,000}$ 準水平運動	$\dfrac{1}{数百}$ 準水平運動	$\dfrac{1}{100}$ 準水平運動	$\dfrac{1}{数十}$ 3次元運動	$\dfrac{1}{10}$ 3次元運動
寿　　命	月	週	日	数時間	時間以下
存　在　高　度	下部成層圏におよぶ	対流圏界面におよぶ			対流圏下層・境界層（晴天乱流は対流圏界面付近）
大気擾乱・大気現象例	プラネタリー波（ロスビー波）超長波〔強制波（定常波），自由波〕太平洋高気圧，シベリア高気圧	長波（主として自由波）温帯低気圧，移動性高気圧，台風	小低気圧，前線性波動（クラウドクラスター）	巨大積乱雲（スーパーセル），海陸風，山谷風，竜巻	対流性の雲，積乱雲 晴天乱流
気　圧　変　化　量	1 hPa·日$^{-1}$	10 hPa·日$^{-1}$	1 hPa·日$^{-1}$	1 hPa·日$^{-1}$〜10 hPa·日$^{-1}$	
水　平　速　度	10 m·s^{-1}	10 m·s^{-1}	10 m·s^{-1}	10 m·s^{-1}	10 m·s^{-1}
鉛　直　速　度	1 hPa·h^{-1}〔1 cm·s^{-1}〕以下	10 hPa·h^{-1}〔1 cm·s^{-1}〕	10 hPa·h^{-1}〔1 cm·s^{-1}〕以上	1〜10 m·s^{-1}	
渦度と発散の卓越性	渦度	渦度	渦度，発散	発散，渦度	発散，渦度
成　　因（不安定性など）	大規模山岳系・海陸分布の熱的・力学的影響（強制波），波－波相互作用（自由波）	主として傾圧不安定性	力学的不安定性	静的不安定性など	地表面の影響，ケルビン－ヘルムホルツ不安定性など
使用する天気図など	北半球月平均天気図など（主として高層および成層圏天気図）	地上天気図および高層天気図，断面図，雲分布図など	局地天気図，高層天気図，雲分布図，レーダーエコー合成図，解析雨量図など	ドップラーレーダーデータ，レーダーエコー合成図，解析雨量図，雲分布図，エマグラムなど	ドップラーレーダーデータ，レーダーエコー合成図，気象要素の連続観測値など
予　報　の　種　類	長期（季節）予報，週間天気予報	中期（週間天気）予報，短期予報	短期予報，短時間予報など	短時間予報，ナウキャスト	短時間予報，航空気象予報など

（注）　1.　普通，1,000〜1 km くらいまでの代表的な水平スケール（サイズ）をもつ気象現象を中・小規模（メソスケール）現象（運動，擾乱）（メソ気象ともいう）としているが，オーランスキー（1975）のように，2,000〜2 km をメソスケールとし，さらにメソα（2,000〜200 km），メソβ（200〜20 km），メソγ（20〜2 km）と細かく分類することもある．この数値そのものや分け方に特に物理的根拠はないが，実際の現象の仕分けとして便利である．

　　　　2.　上の表で大規模グループと中・小規模グループに大別したが，対流圏の大気擾乱の強さ（運動エネルギー）と波長（あるいは波数）の関係（パワースペクトラム密度）でいうと〔ひとつの観測結果，対流圏界面付近（高度 9〜14 km）の波長 2.6〜10^4 km の範囲の風速と温位の観測（ナストロムとゲージ，1985）による〕，波長 500 km を境として，それより短かい波長の領域のスペクトラムは波数 κ の $-5/3$ 乗に比例し，それより長波長の領域では波長数 1,000 km までの範囲で波数の -3 乗に比例している．

60

令和5年度 第1回

気象予報士試験
模範解答と解説

天気予報技術研究会［編］

東京堂出版

は じ め に

　気象予報士の過去60回の試験で12,281名の合格者が出た．気象予報士会も一般社団法人となり，全国的に社会の各方面で活躍しはじめている．1995年5月からの本格的な気象予報士の登場とそれを支える各種気象資料・予報支援資料の普及によって，わが国の民間気象業務が今後一層振興していくことが切望される．巧みな話術ではなく，科学的な実力が発揮されねばならない．

　ここに過去59回に引き続いて，第60回（令和5年度第1回）気象予報士試験に対する模範解答と解説を刊行するわけであるが，刊行の趣旨は初めから一貫して変わっていない．これまでの本番の試験によって，気象庁が考えている気象予報士に必要な知識と判断力・予報作業上の技能の範囲と程度が，具体的に一層明らかとなった．回を重ねることによる出題者側の試験問題作成の態勢の定着と進化もうかがえるわけである．しかし最近は，範囲の拡大や重層的な知識，より高い専門性や実践能力を試す設問が，学科試験に出題されはじめている点が注目される．また，実技試験では，学科試験の延長としての学問的根拠を問う設問とより多くの種類の作業図を用いた実務的な技能を試す設問が増えてきている．その意味では，気象予報士の資格をとるための単なる試験対策，あるいは受験テクニックということではなく，日進月歩を遂げている天気予報技術を使いこなす真の実力が，気象庁以外の場所においても普及し，かつ気象業務にたずさわる官民全体の技術水準の向上が実現するような努力が積み重ねられることが強く望まれている．あわせて，日進月歩の勢いで進展している気象庁における観測・予報業務等の実態に関する一層の情報公開も必要と考える．試験問題作成者が，日常取扱う気象観測器，目にする各種気象資料や気象情報も，一般社会にいる者にはなかなか接する機会がないし，適当な解説書も刊行されていない．実技資料の見方，読み方さえしっかり身につけていればとまどわないということもいえるかもしれないが，限られた試験時間を考えると日常的に扱い慣れている必要があると思うので，そうした配慮がなされることを重ねて要望したい．ところで，近年，気象予報士試験の受験者数が頭打ちとなっているが，受験者層の構成に変化がみられ，気象業務に関係のない一般市民からの受験が顕著となっている．その結果，合格率が近年落ちているが，気象予報士の資格の内容に変更はなく，本来の目的に沿った準備を重ねれば必ず合格できる状況に変わりはない．また，平成14年5月に，気象業務支援センターが「合格基準」を発表したことは，受験者に余計な心配をさせない上で歓迎される（6頁参照）．あわせて，第22回の実技試験から，設問毎の配点が初めて公表されたことも，歓迎すべきことである．できれば，採点方法についても，ある程度の情報開示が望まれる．本書はこれまでとまったく同様に，天気予報技術研究会が企画し，全体の編集と一部執筆には瀬上哲秀があたった．解説は，元鹿児島地方気象台長　下山紀夫氏，元気象研究所長　高野清治氏，同予報研究部長　露木義氏，元高層気象台長　下道正則氏，元東京航空地方気象台長　饒村曜氏，元松山地方気象台長　西村修司氏，元気象衛星センター総務部長　寺本幸弘氏にそれぞれ分担執筆して頂いた．また，本書の準備段階においてお世話になった気象庁の各担当部局のすべての関係官に対して，併せて，試験問題・学科試験の解答・実技試験の解答例を提供して下さった（一財）気象業務支援センターの羽鳥光彦理事長と試験部のスタッフの方々に対して，ここに紙面をかりて深く感謝の意を表したい．また，出版にあたられた東京堂出版編集部の上田京子氏には，ひとかたならぬお世話になった．厚くお礼申し上げたい．

　最後に，しかし多大の謝意をこめて，図の掲載を許可された，すべての著者・出版社に対して心から感謝したい．

目　　次

新しい時代の資格「気象予報士」

1. 社会生活環境の変化と気象技術の進展

　いまさらいうまでもなく，社会は高度情報化しつつあり，われわれの生活環境もまた大きく変わろうとしている．気象情報に対するニーズも，それに伴って変わりつつあり，より便利な生活を望み，欲しい時に欲しい所の気象情報が容易に入手できるようになって欲しいという要望が強い．最近，気象情報や天気予報の精度も向上しつつあり，より身近な情報を，というニーズの高まりは自然なことである．

　一方，気象技術の進展によって，こうしたニーズにこたえられる状況が生まれつつある．気象予測についてみると，近年，今日・明日・明後日の天気予報（短期予報）の精度が著しく向上したのに続いて，数時間先までの天気予報（短時間予報）を含めた，きめの細かい定量的な1日予報の精度向上を目指した新技術が業務化され，2012年3月の第9世代数値解析予報システム（NAPS-9），2018年6月の第10世代数値解析予報システム（NAPS10）への更新を順次迎えた．これまでの全球モデル及びメソモデルの性能アップに加え，局地モデル，全球アンサンブル予報システム，メソアンサンブル予報システムなどの導入の運びとなった．他方，レーダーエコー合成図（5分毎），解析雨量図，降水短時間予報の1kmメッシュ化も実施された．こうした新しい予報業務の展開によって，予報結果もますます多種・多様となり，ユーザーである国民に対して多彩なサービス提供が可能となってきた．たとえば，平成22年5月からの警報・注意報の市町村を対象区域としての発表や竜巻発生確度ナウキャスト・雷ナウキャストの実施，25年8月からの特別警報の運用など．

　このように，社会のニーズの高まりと気象技術の進展がうまくマッチする将来を視野にいれて，これまで不特定多数にたいする天気予報は気象庁のみが行っていた制度を改正し，対象地域を特定した局地的な天気予報や中期予報・長期予報を民間気象事業者も行えるようにし，気象情報サービスの振興を図るようになって，既に20年以上の歳月が流れた．

2. 「気象予報士」制度等の新設

　上に述べた情勢の変化をふまえ，気象庁では気象審議会にたいして，平成3年（1991）8月8日「社会の高度情報化に適合する気象サービスのあり方について」の諮問を行い，一年後の平成4年（1992）3月23日答申（以下，第18号答申と呼ぶ）を受けた．
答申の概要は以下の通りである．
　（1）これからの気象情報サービス
　国民から気象情報に関し寄せられる多様な要望に対処し気象情報サービスを高度化するためには，その基礎として晴，雨等の天気に直接結びついたメソ（中規模）気象現象についての量的な予測技術を開発する必要がある．この予測データと各種関連情報を総合的に活用することで，利用者の個別的

な目的に応えるさまざまな付加価値情報ネットワーク等の活用を図り「欲しい時に欲しい所の気象情報」の提供を求める国民の要望に応えて行くことが課題となる.

(2) 官・民の役割分担による気象情報サービスの推進

気象庁は, 防災気象情報及び一般向けの天気予報の発表を担う. 前述のメソスケール気象現象の量的な予測技術を開発し, 分布図等画像情報も活用して, これらの情報の拡充を図ることとする. 一方, 民間気象事業者は局地的な天気予測やさまざまな付加価値情報の加工あるいは情報メディアを活用した情報提供を受け持ち, 上記データを活用して国民の高度化・多様化する要望に応えることとする.

なお, 民間気象事業者の提供する気象情報を広く国民の利用に供するためには, 混乱の防止, 情報の質の確保等が必要となる. このため, 米国で実績のある技術検定制度の活用を図ることとする.

(3) 防災情報に関する関係機関との連携・協力の強化

気象官署と防災関係機関の情報システムをオンラインで結ぶことにより, 情報提供の迅速化, 相互のデータ交換等の推進を図り, 防災業務の一層の高度化を図ることが望ましい.

上に述べた第18号答申の趣旨に沿って, 気象庁では気象業務法の一部改正のための法案を作成し, 所要の手続きをへて第126回国会に提出し, 平成5年 (1993) 5月成立, 6月公布の運びとなった.

改正に伴う今後の気象サービスのあり方の模様は, 主要な改正点は次の三点である.

(1) 気象予報士制度の新設と指定試験機関の設置

(2) 民間気象業務支援センターの設立

(3) 防災気象情報との整合性

気象予報士試験試験科目の概要

平成 12 年 8 月 25 日
気　象　庁
（財）気象業務支援センター

　気象予報士試験の試験科目は気象業務法施行規則第 15 条別表に定められている．同表記載の各項目の概要は以下のとおりである．今後とも気象学の発展，気象庁等における予報技術の高度化等に応じて，その内容は適宜見直される．

学科試験の科目

一　予報業務に関する一般知識

イ	大気の構造	地球・惑星の大気及び海洋の基本的な特徴と構造等
ロ	大気の熱力学	理想気体の状態方程式，大気中の水分の相変化及び大気の鉛直安定度等
ハ	降水過程	雨粒・氷晶等の生成と成長などのメカニズム等
ニ	大気における放射	太陽放射，地球放射の吸収・反射・散乱等の過程及び地球大気の熱収支や温室効果等
ホ	大気の力学	大気の運動を支配する力学法則，質量保存則，コリオリ力，地衡風及び大気境界層の性質等
ヘ	気象現象	様々な時間・空間スケール現象（地球規模の大規模運動，温帯低気圧，台風，中規模対流系等）の構造と発生・発達のメカニズム等
ト	気候の変動	地球温暖化等の気象変動に対する温室効果ガスの増加，火山噴火，海岸の影響等
チ	気象業務法その他の気象業務に関する法規	民間における気象業務に関する法律知識（気象業務及び災害対策基本法その他関連法令）等

二　予報業務に関する専門知識

イ	観測の成果の利用	各種気象観測（地上気象，高層気象，気象レーダー，気象衛星等）の内容及び結果の利用方法等
ロ	数値予報	数値予報資料を利用するうえで必要な数値予報の原理，予測可能性，プロダクトの利用法等
ハ	短期予報・中期予報	短期予報・中期予報を行ううえで着目する気象現象の把握，予報に必要な各種気象資料の利用方法等
ニ	長期予報	長期予報を行ううえで着目する気象現象の把握，予報に必要な各種気象資料の利用方法等
ホ	局地予報	局地予報を行ううえで着目する気象現象の把握，予報に必要な各種気象資料の利用方法等
ヘ	短時間予報	短時間予報を行ううえで着目する気象現象の把握，予報に必要な各種気象資料の利用方法等
ト	気象災害	気象災害の概要と注意報・警報等の防災気象情報
チ	予想の精度の評価	天気予報が対象とする予報要素に応じた精度評価の手法等
リ	気象の予想の応用	交通，産業等の利用目的に応じた気象情報の作成手法等

6

実技試験の科目

一　気象概況及びその変動の把握

実況天気図や予想天気図等の資料を用いた，気象概況，今後の推移，特に注目される現象についての予想上の着眼点等

二　局地的な気象の予想

予報利用者の求めに応じて局地的な気象予想を実施するうえで必要な，予想資料等を用いた解析・予想の手順等

三　台風等緊急時における対応

台風の接近等，災害の発生が予想される場合に，気象庁の発表する警報等と自らの発表する予報等との整合を図るために注目すべき事項等

合格基準

平成14年5月17日（財）気象業務支援センター発表
学科試験（予報業務に関する一般知識）：15問中正解が11以上
学科試験（予報業務に関する専門知識）：15問中正解が11以上
実技試験：総得点が満点の70%以上
※ただし，難易度により調整する場合があります．
※気象業務支援センターでは，合否および試験の採点結果に関する照会を受付けておりません．

○試験後発表された合格基準
第46回試験　学科試験：一般，専門ともに15問中正解が10以上，　実技試験：総得点が満点の63%以上
第47回試験　学科試験：一般，専門ともに15問中正解が11以上，　実技試験：総得点が満点の68%以上
第48回試験　学科試験：一般，専門ともに15問中正解が11以上，　実技試験：総得点が満点の63%以上
第49回試験　学科試験：一般は正解が11以上，専門は10以上，　実技試験：総得点が満点の64%以上
第50回試験　学科試験：一般は正解が11以上，専門は10以上，　実技試験：総得点が満点の67%以上
第51回試験　学科試験：一般は正解が11以上，専門は10以上，　実技試験：総得点が満点の66%以上
第52回試験　学科試験：一般は正解が11以上，専門は11以上，　実技試験：総得点が満点の68%以上
第53回試験　学科試験：一般，専門ともに15問中正解が10以上，　実技試験：総得点が満点の63%以上
第54回試験　学科試験：一般，専門ともに15問中正解が11以上，　実技試験：総得点が満点の70%以上
第55回試験　学科試験：一般は正解が10以上，専門は9以上，　実技試験：総得点が満点の63%以上
第56回試験　学科試験：一般，専門ともに15問中正解が11以上，　実技試験：総得点が満点の65%以上
第57回試験　学科試験：一般は正解が10以上，専門は11以上，　実技試験：総得点が満点の62%以上
第58回試験　学科試験：一般，専門ともに15問中正解が11以上，　実技試験：総得点が満点の68%以上
第59回試験　学科試験：一般は正解が11以上，専門は10以上，　実技試験：総得点が満点の65%以上
第60回試験　学科試験：一般は正解が11以上，専門は10以上，　実技試験：総得点が満点の66%以上

（一財）気象業務支援センター

学科試験への取り組み方と勉強の仕方

　気象予報士試験の第一の関門は学科試験である．その内訳は，気象学の基礎および関連法令についての「予報業務の一般知識」および気象技術の基礎についての「予報業務の専門知識」から成り立っており，各15問ずつ出題される．いずれも多肢選択問題で，原則五つの答の中から「正しいもの」または「誤ったもの」を選択する形か，文章または記述の正誤の組合せを選ぶ形をとっている．それぞれ60分（1時間）の時間しかあたえられないから，1問には平均4分しかかけられない．したがって，すぐ答のわかる問題から先に解いていき，むずかしい問題は後まわしにする方が得策である．そして，ひと通り見終わって答えられるものに答えてから，もう一度最初に戻り，次に解けそうな問題から順に解くのがよい．どうしても答がわからない問題でも，解答欄をブランクのまま残すよりは，正解と推定される数字で埋めたい．この種の多肢選択問題においては，問題の問いかけている「正しいもの」または「誤ったもの」をみつけるには，あたえられた選択肢（答）の中から，明らかに正解とは思えないものを消去法で消していくのが近道である．通常，問題の本文を読み進みながら答の方をみていくと，明らかに正解でない答が必ず複数個みつかるから，それらを順次除外していくと，最後に正解らしいものが2個ぐらい残る．もちろん，1個しか残らなければ直ちに解答欄に，その答の番号が記入できる．2個ぐらいで迷ったときは，一応両方に印をつけておいて，ひとまずより自信のもてる方の番号を解答欄に記入しておき，次に順番がまわってきたときに精査すればよい．

　これまでの気象予報士試験の学科試験をみる限り，概して素直な問題が多いが，最終的に迷わされるような仕掛けがかなりみられる．また，計算問題の類が増加する傾向にあるが，基本をしっかり理解していれば簡単に解けるものが多い．このように学科の基礎をしっかり勉強していて，迷ったら考え過ぎないで定義や原理・基本に立ち戻って考えれば，大概の問題は解けると思う．ただその場合，もし余力があって少し上級と思われる知識を身につけていると，最近みられるレベルアップした専門性の高い設問（一般，専門それぞれ2，3みられる）に迷わず対応できる．また，気象測器などのかなり特化された設問に対しては，気象庁ホームページの「知識・解説」などを参考にするとよい．なお，もうひとつの最近の傾向として，天気図，分布図，関係を表わす図，形状を表わす図や表の見方・読み取り方に習熟していることが要求されてきている．これに対しても，その図や表のもつ気象学的な意味や気象情況との関係をしっかりつかんだ上で，正誤の判断基準をみつけてそれにもとづいて区別すればよい．平素から数多く例題をこなすことが第一だと思う．

　学科試験の最大のポイントは，気象学と気象技術，気象業務関連法令，気象業務の実際面（特に予報・観測業務と関係の深い部分）について，幅広く出題される点である．したがって，部分的にかなり深く勉強するよりは，幅広く，適度な深さで知識を身につけていた方が有利である．学科試験の場合，ふつう合格基準の15問中11問以上の正解が要求されている．

　まず関連法令からみると，関連法令が意味している事項の筋道，論旨を理解したい．法律の条文を丸暗記するのではなく，予報業務を行うこと，気象庁以外の者が行う予報業務の許認可，防災情報の伝達等の内容，われわれの日常常識に照らしてみていけば，自然に国が法律で規定していることの大きな流れが全体的，系統的にわかると思う．その脈絡をしっかりとつかんでおけば，関連法令に関す

る問題は容易に解けるだろう．毎回，30問中4問は必ず出題されているので，もしいつもこれらの問題に確実に答えることができれば，それだけでも大変有利である．しかも，それは決して困難なことではない．なお，関連法令は，しばしば変更されるので，本文の最後に重要な改正点をまとめておく．

　関連法令を除く一般知識については，多少時間がかかってもじっくりと気象学とその周辺の数学と物理学の勉強をやるほかない．先にも述べたように，広くまんべんなくおさらいしなければならないが，特に過去くり返して出題された分野や複数問出題される分野は，重視したい．中でも「正しいもの，あるいは，誤ったものを選べ」という問題の場合，選択肢にある記述は，いずれも重要な事項に関するもので，それらの正しい内容をよく理解しておきたい．また，この部分の本書の解説をよく読んでおくのがよい．同じことは，専門知識についてもいえる．とくに，最近はかなり広範囲でかつ専門的な事項や実務にかかわる内容も出題されているので，毎年刊行される『気象業務はいま』（気象庁編，いわゆる気象白書）や『気象ガイドブック』『地上気象観測指針』『高層気象観測指針』（気象庁編，気象業務支援センター発行）も参照した方がよいと思われる．『気象観測の手引き』（気象業務支援センター）は試験対策としては不十分な内容であるが，たとえば「大気現象」の表などは役に立つ．また，『気象衛星画像の見方と利用』『気象レーダー観測システム（付録　気象レーダーデータを利用した降水短時間予報）』少しレベルが高いが，毎年刊行される『量的予報資料（現在，予報技術研修テキスト）』『数値予報研修テキスト』『数値予報課別冊報告』『季節予報研修テキスト』なども有用である．特に，最新の数値予報モデルの詳細な内容については上記の数値予報の『研修テキスト』や『別冊報告』で基本事項を調べて身につけておきたい．さらに，気象庁の業務改善の情報を知るのに気象庁のホームページが便利なので，「補遺」でも例示するように常に見る習慣を身につけておきたい．

　読者のこれまでのキャリヤーや背景知識によって，具体的な勉強の仕方は当然変わってくるが，どういう場合でも，まず総論として気象学と気象技術の全体展望および系統樹をしっかりとおさえ，断片的知識を整理して堅牢な知識体系の枠組の中に納めておくこと．次に各論としての重要分野の知識が確実なものとなっているかどうか，確認することである．案外，わかっているつもりでも，念をおされるとあやふやな点が多いものである．ひとつずつ確かめるような復習の積み重ねと過去問題や練習問題の練習を多くして，ある種の「ひっかけ問題」に注意すること，とくに，これまで間違えた問題を自己分析して，何を，何故，どう間違えたのかを明らかにして，自分の弱点を特定し，それを無くしていくことが，きわめて効果的である．そうすることによって，設問を見たとき直ちにその出題意図を見抜く判断力を，意識的に身につけてほしい．そして設問の狙いを適確に把握し，それに適合した自分の知識の引出しをもってきたり計算問題を解く手順を決めたりして，かなり厳しい時間の制約の下に，すばやく，適確に反応できるような反射神経を常日頃からみがいておきたい．なお，ここで強調しておきたいことは，学科の知識をしっかりと身につけることが，とりもなおさず実技の能力を高めることだということである．つまり，最近，学科の延長のような設問が必ずといってよい程出題されている実技試験に対しても，基礎学力，応用学力を高めておくと思いのほか有利に働くということである．もし，計算問題などで気象学・気象技術の基礎となっている数学と物理学の学力が不足していると思われたら，急がば回れで高校卒業レベルから復習しなおした方が結局早道だと考えられる．最近は，よくまとまった参考書が刊行されている．最後に，周知のように，気象予報士試験では

まず学科試験に合格しなければならない．同時に実技試験もクリアできればそれに越したことはないが，不幸にしてそういかない場合には，まず，学科試験にパスして1年間有効の権利を保持しつつ，実技試験に集中的に取り組むのがよいと思う．その場合，もちろん一般知識と専門知識の両方合格すればよいが，もし片方だけに合格してもかなりの負担減となるので，少しずつでも前進し，足がためをするように心がけたい．ただし，常に学科試験の復習も忘れずに．

以下に，最近の気象業務法（以下「法」という．）等の関連法令の改正点をまとめておく．

平成19年改正

従来，地震及び火山現象の予想は技術的に困難であったため，予報及び警報の対象から除外されてきた．しかし，近年の技術の進展及び観測体制の充実に対応し，地震のうち，地震動について，「緊急地震速報」が導入できるようになり，その導入は，中央防災会議（平成19年6月21日）で要請されていた．火山現象についても，「噴火警戒レベル」「噴火警報」が導入できるようになった．

このため，以下の主な条項で改正があった．

1. 気象庁による地震動及び火山現象の予報及び警報の実施及び地象の警報をしたときは直ちに警察庁，国土交通省等の機関への通知．（法第13条第1項，法第15条第1項関係）
2. 気象庁以外の者に対する地震動及び火山現象の予報業務の許可
  （法第18条第1項，法第19条の2関係）
3. 気象庁以外の者による地震動及び火山現象の警報の制限（法第23条関係）

平成25年改正

東日本大震災や平成23年台風第12号による大雨災害等においては，警報が市町村，住民にその危険性が十分認識されず，また，市町村においては避難勧告等のタイミングを適確に判断することが困難であるという指摘もあり，警報が，直ちに防災対応をとるべき状況である旨のわかる情報の提供が望まれた．国の中央防災会議の防災対策推進検討会議最終報告（平成24年7月）では，早急に対策に取り組んでいくべきとされた．このため，以下の主な条項で改正があった．

1. 気象庁に対し，重大な災害の起こるおそれが著しく大きい場合に「特別警報」を行うことを義務付けること．（法第13条の2，法第15条の2，令第5条，令第9条，規則第8条関係）

  特別警報とは，予想される現象が特に異常であるため重大な災害の起こるおそれが著しく大きい場合の警報である．数十年に一度の現象である．種類は，①暴風雨，暴風雪，大雨等の気象特別警報，②地震動特別警報（緊急地震速報震度6弱以上），③火山現象特別警報（噴火警戒レベル4以上又は噴火警報（居住地域）），④地滑り等地面現象特別警報，⑤津波特別警報（3mを超える大津波警報），⑥高潮特別警報，⑦波浪特別警報，がある．

  主な事例としては，平成30年7月豪雨（いわゆる西日本豪雨），令和元年東日本台風（台風第19号），令和2年7月豪雨（いわゆる熊本豪雨）（以上大雨），平成30年北海道胆振東部地震（地震動），平成27年5月の口永良部島（噴火）等がある．

2. 津波の予報業務に係る許可基準について，現象の予想の方法が国土交通省で定める技術上の基準に適合するものとすること．（法第18条，規則第10条の2関係）

  津波について，近年のコンピューターによる予測計算手法の進歩等のため，適切なソフトを

用いた計算予測を技術上の基準を義務付けし，気象予報士設置を除外した．

3. 警報及び特別警報について，気象庁からの伝達先及び関係市町村への通知元として消防庁を追加すること．（法第15条，法第15条の2，令第8条関係）

　　警報等の確実な伝達のための情報伝達手段の多重化・多様化に，消防庁が整備した，人工衛星による通信であるJ-Alert（全国瞬時警報システム）を活用する．

令和5年改正 （出典：気象庁HP 気象業務法及び水防法の一部改正等，国土交通省HP 水防法等の改正．これらを加工して作成）

　近年の自然災害の頻発・激甚化や過去に例がない災害への防災対応のため，国・都道府県が行う予報・警報の高度化及び，民間事業者の予報も高度化が求められている．これらに対応する最新の技術の進展により，気象業務法等を改正して，国，都道府県，民間事業者による予報の高度化・充実を図るものである．このため，以下の主な条項で改正があった．

1. 国・都道府県による予報の高度化

(1) 近年，自然災害が頻発・激甚化しており，河川においては大雨等のためバックウォーター現象等により本川・支川合流地点での浸水被害が発生してきている．この対策として，国洪水予報河川（水防法第10条第2項による指定）において，精度が高く長時間先の予測が可能な本川・支川一体の水位予測モデルを導入している．この予測により取得した予測水位情報を都道府県の求めに応じ都道府県洪水予報河川（水防法第11条第1項による指定）にも提供するものとする．

　都道府県と気象庁とはこの情報を踏まえて共同の洪水予報をしなければならないものとすること．（水防法第11条の2，法第14条の2第3項関係）

　また，水防に関する必要な専門的知識は国土交通大臣に技術的助言を求めなければならないものとすること．（法第14条の2第4項関係）

(2) 令和4年1月トンガ諸島で大規模な火山噴火が発生し，日本において過去に例がない気圧波により潮位変化し船舶が転覆し被害が生じた．これを踏まえ，水象の定義を変更し，気象庁の業務に加えること．（法第2条第3項関係）

2. 民間予報業務許可事業者による予報の高度化

(1) 気象の予測結果により予測が可能な土砂崩れ・高潮・波浪・洪水の予報業務（気象関連現象予報業務）の許可について，コンピュータシミュレーションによる最新の予測技術による許可基準を設けるものとすること．（法第17条第2項，第18条第1項第6号関係）

　自ら気象の予測をしない民間予報業務許可事業者は，気象予報士の設置義務を要しないとすること．（法第19条の2関係）

　土砂崩れ，洪水の予報業務の許可をしようとする場合は，砂防・水防を所管する国土交通大臣に協議しなければならないものとすること．（法第18条第3項関係）

(2) 防災に関連して，噴火，火山ガスの放出，土砂崩れ，津波，高潮，洪水の予報業務（特定予報業務）の許可事業者は，特定予報業務を利用しようとする者に利用の留意事項についての説明義務を負うものとすること．これらの現象は社会的影響が特に大きいことから，気象庁の予報等との防災上の混乱を防止するためである．（法第19条の3関係）

　　気象庁以外の者の警報の制限の対象に，土砂崩れその他の気象に密接に関連する地面及び地中の諸現象を追加すること．（法第23条関係）

(3) 予報の精度向上を図るため，気象庁が行った観測の正確な実施に支障がないと気象庁長官が確認した場合は，検定済みでない気象測器を予報業務許可事業者が補完的に用いることができるとすること．（法第9条第2項関係）

3. 公布は令和5年5月31日．施行は上記1.（1）は公布即施行．それ以外は令和5年11月30日．

最近の学科試験の出題傾向

　全体として基本的でオーソドックスな設問がほとんどである．出題傾向に大きな変化はなく，同様の設問が繰り返し出題されるので，数年程度の過去問をしっかり勉強していれば，合格レベル（概ね11問以上の正解）に達するのはそれほど難しくはない．

　学科・一般知識に関する設問は，15問中，11問が気象学の基礎知識，残り4問が法令を中心とする気象業務に関連する設問になっており，試験科目の出題範囲全般にわたって出題されている．基本事項をしっかりおさえていれば少しひねられても十分に対応できる．かなり専門的な内容の出題がされることもあるが，問題文の中にヒントが隠されていたり，簡単な考察で選択肢を減らしたりすることができる場合もあるので，あきらめずに対応したい．

　気象学の基礎知識では，(1) 地球大気の鉛直構造，(2) 大気の熱力学過程および大気の安定性，(3) 大気力学，(4) 雲の生成および降水過程，(5) 放射過程，(6) メソ気象現象，(7) 総観気象および大規模循環，(8) 中層大気（成層圏，中間圏），(9) 気候変動および地球温暖化，などとなっている．

　重点分野は熱力学と力学で，それぞれ毎回2〜3題出題されている．**熱力学**では，大気の静的安定性，湿潤空気および乾燥空気，温位・相当温位等の特性や保存性，フェーンに伴う気温変化などが多く出題される．湿球温度（第59回問2）や対流不安定（第48回問3）のように，あまりなじみのない事項やかなり高度な設問も出されることがある．

　力学では，地衡風，傾度風そして温度風の出題頻度は非常に高く，ほぼ毎回どれかが出題されている．地表面摩擦の影響（第50回問6，第59回問6）も時々出題されるので理解しておく必要がある．質量保存や水平収束と鉛直流の関係，渦度もしばしば出題される．

　熱力学や力学では，**計算問題**や数式表現を導く設問も毎回1題か2題出題される．計算問題は基本的なものが多く，概算でも求められるよう選択肢が工夫されていたり，第53回問9や第58回問2のように，定性的な考察で簡単に選択肢を減らせたり正解を導ける設問もある．ただ，まずは他の設問を優先したほうが無難かもしれない．数式表現を問う設問も，第46回問3や第50回問3のように時々出される．数式そのものが設問になっていなくても，知っていると容易に解けるものも多い．状態方程式や静力学平衡の式，コリオリ力など，基本的な数式は，その持つ意味も含めて理解しておきたい．

　その他の分野は，概ね毎回1題である．**地球大気の鉛直構造**では，温度や風，密度などの高度分布や対流圏から熱圏・電離層までの大気区分に関する設問，**降水過程**では，雲や雨滴の形成・成長，氷晶核・凝結核とエーロゾルの役割などが主である．**放射**では，太陽放射や大気放射についての基本知識，大気による散乱・吸収，雲や水蒸気の効果，地表面での放射収支と地表面温度

との関係などである.

メソ気象現象では，積乱雲に伴う激しい気象現象に関する出題が多い．マルチセルなどのメソ対流系，竜巻・ダウンバースト・ガストフロント，線状降水帯などについて，基本的な事項を理解しておく必要がある．また，バックビルディング（第50回）のように社会的に話題になった現象が出題されることもあるので要注意である．なお，海陸風（第58回）や晴れた日の大気境界層（第44，55回）など，激しい気象現象でない設問もたまに出される．

総観気象では，温帯低気圧の特性，特に傾圧不安定に関するものが第51，56，59回など頻繁に出題されている．また大規模循環では，ハドレー循環などの子午面循環（第52，53回）や，大気や海洋による熱の南北輸送等（第52，55，57回）もよく出される．ブロッキング高気圧（第58回）が出題されることもある．

中層大気（成層圏および中間圏）に関する設問もほぼ毎回出される．大気の温度分布と循環（温度風の関係），オゾンの生成と輸送，オゾンホール，プラネタリー波の伝播，突然昇温など，概ね出題パターンは決まっている．**気候変動**や**地球温暖化**では，エルニーニョ・ラニーニャ，大気や海洋の温度の長期変化，二酸化炭素などの温室効果ガスなどの基本的な設問である.

関連法令については，気象予報士の業務にとって基本的な条文の知識を問うものがほとんどである．正誤の組み合わせの出題形式が多く，数年間の過去問を解くことでかなりの正答が得られる．ここで点数を稼げるかが合格の大きなポイントになるので，敬遠せずに取り組むことが重要である．主な出題範囲としては，（1）予報業務の許可・変更認可，（2）気象予報士の業務・人数，（3）警報・特別警報，（4）予報士の登録・欠格等，（5）気象庁への報告・届け出，（6）観測における技術上の基準・届け出，（7）罰則，（8）災害対策基本法・水防法・消防法となっている.

学科・専門知識は，全体的には基本的な問題が多く，かつ繰り返し出題されるので，ここでも過去問対策は非常に有効である．一方，新規業務についても導入後の比較的早い段階で，設問として取り上げられている．特別警報（第51回問13），表面雨量指数（第52回問13，第54回問13），推計気象分布（第57回問2），危険度分布（キキクル，第59回問13）などである．気象庁HPの「新着情報」には常に注目しておく必要がある．本書の補遺にも最新の業務改善に関する情報を載せているので参考にしていただきたい.

かなり専門的な知識を問う設問も時として出題される．その中には第53回問4（数値予報のCFL条件）のように基本的な知識や理解があれば正解できるものもあるが，第50回問9の混合層や粗度，第53回問2のブリューワー分光光度計やシーロメーター，第53回問15のユーラシアパターンや北極振動など，かなり専門的なものもある．気象予報士の資格を問う試験であるので，あまり特定分野に深入りせず，できるかぎり基本的でオーソドックスな設問が望まれる.

分野ごとに見ると，（1）気象観測，（2）数値予報，（3）気象衛星観測，（4）総観気象，（5）中小規模現象，（6）台風，（7）気象災害，（8）週間天気予報，（9）予報の評価，（10）警報等の防災気象情報および指数（11）降水短時間予報等，（12）季節予報となっている.

気象観測は毎回，概ね3題出される．主として，地上気象観測，高層気象観測（ラジオゾンデおよびウィンドプロファイラ），気象ドップラーレーダー観測である．これらは，気象庁HPの「知識・解説」にある「気象観測」や「気象観測ガイドブック」で基本的な事項は押さえておく必要

がある．地上気象観測では，観測装置の原理や設置環境に関わる設問が多いが，平均風速と瞬間風速に関するものも時々出題される（第53回や第58回）．その他，日射観測（第49回）や大気現象の観測（第47回）など，やや専門的すぎる設問もあるが，出題頻度も低いので，あまり神経質にならずにわかる範囲で臨めばよい．

ラジオゾンデやウィンドプロファイラ，ドップラーレーダーに関しては，観測の原理に関する基本的な設問が主である．それに加えて，観測された平面図や鉛直分布などと天気図や台風経路との関係などを問う設問も頻繁に出されるようになっている（第52，56，58回）．単なる観測装置の知識だけでなく気象学全般にわたる知識と理解も必要で，実技試験にも通じる予報技術との関連が強い設問となっている．

数値予報に関する設問は概ね3題で，数値予報技術，客観解析（データ同化），数値予報モデルの概要，数値予報プロダクト，天気予報ガイダンスなどである．常に最新の技術開発の状況を把握しておく必要がある．4次元変分法（第49回問4，第59回問5）や大気海洋結合モデル（第57回問6）など，かなり高度な内容の設問も出されることがある．数値予報技術に関する設問は，運動方程式（第52回問4）や物理過程（第46回問5，第51回問4）など多く出される．アンサンブル予報については，その原理に加えて，スプレッド・スキルの関係（第49問5，第54回問5）や週間予報支援図（第47回問11）などしばしば出題される．**天気予報ガイダンス**については，カルマンフィルタやニューラルネットワークの原理や特性は当然知っておくべき必須事項である．また，ランダム誤差や系統誤差に関連する設問が第58回，第59回などと頻繁に出題されており，基本的な考え方を理解しておく必要がある．なお，「令和4年度数値予報解説資料集」に数値予報の基礎知識と現行数値予報モデルの概要が詳しく解説されている．

気象衛星観測に関わる設問は必ず1題出題される．気象衛星ひまわりの観測測器に関する設問もあるが，衛星画像（可視，赤外，水蒸気）の見方や雲の判別，気象現象との関連などを問うものが多い．本解説書や気象衛星センターHPなどで基本的な知識を習得するとともに，日頃から衛星画像に慣れ親しむことも重要である．

総観気象については，高気圧・低気圧や前線の特徴を問う設問がほぼ毎回出題される．寒冷低気圧についても，第53回問7や第57回問7など結構な頻度で出される．また，500hPaの数値予報天気図から地上低気圧や天気現象を読み取る，実技試験のような設問（第47回問9）も出題されることがある．

中小規模現象の設問の多くは，積乱雲を伴う激しい現象（豪雨，雷，竜巻，ダウンバースト，ガストフロント）である．竜巻やダウンバーストなどの突風については，現象そのものの理解に加えて，被害の特徴（第52，58回）についても把握しておく必要がある．

台風もほぼ毎回出題される．台風の風や温度構造などの気象特性，海面水温との関係，台風情報（予報円・暴風警戒域など），高潮などの台風災害や全般海上警報など，同様の設問が繰り返し出題される．風向変化と台風経路との関係も理解しておきたい（第59回問10）．

週間天気予報は，週間予報支援図（アンサンブル）の見方（第46，47回）や，週間天気予報の予報要素・予報区域，信頼度（第48回）など時々出題される．また，早期注意情報（警報級の可能性）に関する設問（第55回）も出題されている．

　　予報の評価に関する設問も，ほぼ毎回出題される．特に難しい問題はなく，本書の補遺に掲載した基本的な指標をしっかり勉強していれば十分である．

　　警報・特別警報などの**防災気象情報**や危険度分布（キキクル）および各指数（土壌雨量指数，表面雨量指数，流域雨量指数），これらの発表を支える各種解析・予測資料（解析雨量，降水短時間予報，高解像度降水ナウキャスト，竜巻発生確度ナウキャストなど）に関する設問は，毎回 1，2 題出される．特に，新しい技術やプロダクトに関する設問も多いので注意が必要である．熱中症警戒アラートも近い将来，出題されるかもしれない．

　　最後に，**季節予報**も毎回 1 題出される．月平均の海面気圧や 500hPa の高度場とその平年偏差から天候の特徴などを問う設問が最も多いが，流線関数と天候との関係（第 58 回）や確率表現の意味（第 47，51 回），エルニーニョなどの海洋との関連（第 48，53 回）も要注意である．

実技試験への取り組み方と勉強の仕方

（1）実技試験の目的

　　実技試験は，気象予報士が予報業務を中心とする仕事を行うにあたって必要な，基本的な知識，技能を問うもので，その試験科目は 6 頁に示されているように，

①　気象概況及びその変動の把握

②　局地的な気象の予想

③　台風等緊急時における対応

の主要な 3 本柱から成り立っている．これらは，気象庁の予報官が行う天気予報作業（19 頁，参考図 1）に準じた構成になっているが，気象予報士の場合は気象庁が発表する各種資料や情報，天気予報，注意報・警報を正しく理解し，解釈して，予報利用者の求めに応じた情報を作成し，気象庁の発表する警報等と自らの発表する予報等の情報との整合性が図れることが求められている．したがって，実技試験はこうした要請に沿った設問が出題されている．この「何のために実技試験が行われるのか」ということをしっかり確認しておきたい．

（2）実技試験にどう取り組むか

　　実技試験は，75 分という限られた時間内に各種天気図・解析図・予想図等の図表類の大量な資料を使いこなして解答しなければならない．じっくり考えれば，正しい答えが出せるというのは，通用しない．なぜなら，天気予報や各種気象情報は的確性と迅速性が要求されるからである．

　　それでは，実技試験をクリアーするためには，どのような勉強をしていけばよいか．

　　気象予報士試験は学科試験と実技試験よりなり，学科試験が合格点に達して，初めて実技試験の採点がなされ，その結果によって合否が決まるというシステムになっている．つまり，実技は学科の知識が土台で，それが総合したものであり，学科の応用・実用編である．このことから，学科試験に合格できる能力を有するかまたはそれに足る能力を有する力を持っていなければならない．その意味からすれば，まずは学科試験をクリアーし，その上で，実技試験に挑戦・合格を勝ち取るという 2 段構

えが，着実・堅実な方法で，結果的には最も近道であるといえる．とは言っても，実技試験の実態を知っておくことも大事なので，一般的には，一応の気象学や気象技術の勉強が終わったら具体的な実技演習に入り，学科での知識が実技でどのように問われているかが学習でき，これを通して学科の知識がより身についたものとなり，ここで生じた疑問や不明な点を，講習会や通信教育を受けて正しながら，学習を進めていくのがよいと思う．

　実技試験の試験科目のポイントは，①実況天気図や予想天気図等の資料を用いた，気象概況，今後の推移，特に注目される現象についての予想上の着眼点等，②予報利用者の求めに応じて局地的な気象予報を実施するうえで必要な，予報資料等を用いた解析・予想の手順等，③台風の接近等，災害の発生が予想される場合に，気象庁の発表する警報等と自らの発表する予報等との整合を図るために注目すべき事項等とある．

　したがって，学習にあたっては，これらのポイントを意識しながら，実技演習に取り組み，合格に足るだけのレベルにまで高めていきたい．

(3) 問題に用いられる各種資料と着目点・把握すべき内容

　使用される天気図・解析図・予想図等の各種資料とその着目点，把握すべき内容などを参考表1および2にまとめて示す．

参考表1　各種実況図・解析図の着目点と把握すべき内容（気象庁資料を一部改変）

種類	着目点		把握すべき内容・用途
地上天気図*	気圧配置		じょう乱の種類，位置，強度，移動，前線，天気分布，霧領域
	気圧傾度		強風域
	海上警報		台風・暴風・強風警報，霧警報
高層天気図 客観解析図	300hPa	高度場，風系	トラフ・リッジ，強風軸，合流・分流
	500hPa	高度場，風系 温度場 渦度場	トラフ・リッジ，強風軸，合流・分流 寒気軸・暖気軸，寒気の絶対値 渦度移流，高・低気圧の発達・衰弱 正・負渦度分布，渦度0線，前線帯の動向
	700hPa	高度場，風系 温度場，湿数 鉛直流	トラフ・リッジ，強風軸，合流・分流，収束・発散，じょう乱の検出，暖気移流・寒気移流，湿潤域 上昇流域，下降流域
	850hPa	高度場，風系 温度場，湿数	収束・発散，じょう乱の検出 前線解析，湿潤域の把握，気団，暖気移流・寒気移流 低気圧の発達
		相当温位場	前線解析，気団，相当温位移流
気象衛星画像	可視画像 赤外画像	雲の種類 雲パターン	上層雲，中層雲，下層雲，対流雲，霧域 バルジ，線状，帯状，渦状，対流雲列，テーパリングクラウド，ドライスロット，シーラスストリーク，トランスバースライン
		輝度温度	対流雲の発達
	水蒸気画像	暗域，明域	上・中層の乾燥域，トラフ，強風軸，上層渦
エマグラム	状態曲線	安定層 湿潤層 安定度	前線性逆転層（等温層，安定層），沈降性逆転層 雲の存在 大気の不安定性の把握（SSI，CAPE，CIN，対流不安定）
	風の鉛直プロフィール		前線通過前後の風向・風速の変化，最大風速の見積 暖気移流・寒気移流

ウィンドプロファイラ図	風の水平・鉛直プロフィール	鉛直シアー，水平シアー，前線面・トラフの位置，暖気移流・寒気移流，降水強度の強弱，乾燥域の流入，気流の乱れ
レーダーエコー図	エコー分布 エコーの強度 エコーの形状 エコーの立体構造 ドップラー速度 メソサイクロン	降水域の移動，拡大・縮小 降水域の発達・衰弱 線状，帯状，渦状，フックエコー，合流，収束 降水系の組織化，ライフステージの判定 じょう乱（台風，ポーラーロウなど）の中心位置の推定 降水セルの発達・衰弱 上空の風の収束・発散 竜巻発生の可能性
解析雨量図	解析雨量分布	降水極値域，降水ピーク値の把握
アメダス実況図	降水量 風 気温 日照時間	降水域の移動と強度（面的・時系列的把握） 局地風系，シアーライン，収束線，発散域，局地前線の検出 気温分布，気温変化，降雪域の推定，局地前線の検出 晴天域・曇天域，雲域の広がり，雲量の推定
沿岸波浪図	沿岸波浪実況	等波高線，風向・風速，卓越波向，卓越周期
海面水温図	海面水温実況（日，旬，月）	等値線，暖水域，冷水域
高層断面図	東経130度，140度線における気温，温位，風	鉛直シアー，ジェット気流，圏界面高度，転移層・前線帯

参考表2 数値予報予想図・その他の予想図の着目点と把握すべき内容（気象庁資料を一部改変）

種類	着目点	把握すべき内容・用途
地上気圧・降水量・風予想図[1]	気圧配置，気圧傾度 低気圧，高気圧，前12時間降水量，海上風	じょう乱の種類，位置，強度，移動，降水域や降水強度の把握，海上強風域の把握
500hPa高度・渦度予想図[1]	高度場，渦度場	トラフ・リッジ，強風軸，合流・分流 正・負渦度分布，渦度0線，渦度移流
500hPa気温，700hPa湿数予想図[1]	温度場 湿数	寒気軸・暖気軸，寒気の絶対値 湿潤域・乾燥域の把握
850hPa気温・風予想図[1] 700hPa鉛直p速度予想図[1]	温度場，風系 鉛直流	前線解析，気団解析，暖気移流・寒気移流，低気圧の発達 上昇流域・下降流域の把握
850hPa風・相当温位予想図[2]	相当温位場，風系	気団，前線解析，高相当温位移流，低相当温位移流
沿岸波浪予想図[2]	沿岸波浪	等波高線，卓越波向，卓越周期，風向・風速
台風進路予想図[3]	台風進路予想	台風の中心位置（予報円），中心気圧，最大風速，最大瞬間風速，暴風警戒域
地上気圧・風・降水量予想図[4]	気圧配置，気圧傾度，風系，降水量	気圧配置，風，降水量
鉛直断面予想図[2]	特定経度線や2地点を結ぶ気象要素	気温，相当温位，相対湿度，湿数，風，鉛直流など
降水短時間予報	1～15時間先までの降水量	10分毎（1～6時間先） 1時間毎（7～15時間先）
降水ナウキャスト	1時間先まで降水の強さ	5分毎の降水強度
雷ナウキャスト	10～60分先の雷	10分毎の雷の激しさや雷の可能性
竜巻発生確度ナウキャスト	10～60分先の竜巻の発生確度	10分毎の竜巻の発生確度

1：12,24,36,48,72時間予想図，2：12,24,36,48時間予想図，3：12,24,48,72時間予想図，
4：3,9,12,15,18,21,24,30時間予想図

(4) 天気図・解析図・予想図等の各種資料の見方・読み方

　天気図・解析図・予想図等の各種資料の見方・読み方については，文末23頁の「気象予報士試験のための参考書」で勉強してほしい．ここでは，個々の資料についてではなく，基本的なポイントに絞って説明する．

(4－1) 大規模気象現象をとらえ，小さい気象現象を見る

　天気予報のための気象学や気象技術で最初に学ばなければならないのは，大きな規模の気象現象についての気象学とその特性である．それは，基本的に日々の天気を支配しているからで，具体的には，温帯低気圧，移動性高気圧，ブロッキング高気圧，切離低気圧・寒冷低気圧（寒冷渦），前線，台風などが対象となる気象現象（これを一括して気象擾乱と呼ぶ）である．それを最もビジュアルに表現しているのが，気象衛星画像で，可視画像・赤外画像からは気象擾乱に伴う雲分布を，水蒸気画像からは大規模な大気の流れを見ることができる．次に，これらの気象擾乱は天気図でどのように解析されているかを，地上天気図だけでなく，高層天気図・解析図と対照し，その関係を理解する．その後，大規模現象より小さい現象にも着目する．それは，小さい規模の現象は，大きい規模の現象の中に発生するものであるからである．つまり，大きいところから見ていって対象を次第に絞り，小さい規模の現象が大きい規模の現象のどの部分に位置しているかを確認した上で，大規模現象と小規模現象の関連やそれらの相互作用の知識を動員していくことが大切である．要するに，予報支援資料は大規模な場から順次小規模な場や局地的特徴へと見ていくものであることをしっかり知っておきたい．

(4－2) 天気図類は立体的に見る

　高気圧，低気圧，前線，ジェット気流などの気象現象は，一般に3次元の構造を持っている．それゆえ，天気図に見られるこれらの現象は立体的な構造をしているものとして見ることが必要である．たとえば，温帯低気圧の発達には，(1) 偏西風帯の気温傾度の大きいところ，(2) 渦軸の傾き（実際には，地上低気圧と500hPaの正渦度極大域を結んだ軸），(3) 低気圧前面の暖気移流，後面の寒気移流，(4) 低気圧前面の温暖域の上昇流，後面の寒冷域の下降流，などが検討の対象になる．しかし，これらを実際の天気図で検討するとなると，たとえば，上層のどの正渦度の極大域が地上の低気圧に対応するか判断しかねることもあり，思わぬ解釈の間違いを起こすこともある．これを防ぐには，単なる棒暗記では駄目で，温帯低気圧がどうして発達するかを理解し，数多くの実例にあたった上で対応させるしかない．

　立体的に見ることに習熟するには，天気図は必ず上下の関係を検討しながら見ることが大切である．これにはいろいろな天気図を重ね合わせてみるのが便利だが，実際にはトレシング・ペーパーを用い，色鉛筆やマーカーペンで色分けしてみると，非常にわかりよい．

　さらに，気象衛星画像と重ね合わせてみると，イメージが鮮明に描ける．

(4－3) 現象についての知識をもつ

　天気図などの気象資料から，いかなる気象現象が発生・出現かを予想することで，初めて天気予報を出すことができる．そのためには，気象学の基礎知識だけでなく，気象現象についての知識が必要

不可欠で，その発生原因を含めた力学的な機構を知ることである．たとえば，低気圧の発達は，傾圧不安定論の基本的な知識が必要で，大雨の予報には積乱雲の発達の力学的機構を理解していなければならない．つまり，学科の一般知識で学んだ気象学をベースに，専門知識で学んだ知識を駆使して，気象現象を解明・解釈しようというものである．大きい規模の現象を理解できたら，次にはメソスケール現象と天気との関係を知る．それには，気象衛星，気象レーダー，アメダスなど地上データ，ウィンドプロファイラなど高層データなどいろいろな観測資料が用いられる．気象予報士試験では，これらのデータの時系列図や立体図により，メソスケール現象を解明させる手法が用いられることが多い．たとえば，アメダスによる風・気温・降水量などの時系列図から，前線の通過時や通過前後の気象要素の変化を解明する．さらに，気象レーダーやウィンドプロファイラなどの観測データも組み合わせてみれば，より多角的に解明することができる．

　天気予報は短い時間内に結論を出さなければならないので，作業時間はできるだけ短縮して，しかも本質を間違いない捉え方をする必要があるので，現象についての知識がしっかり身についていないと実際の予報はできない．これには，23頁の「気象予報士試験のための参考書」の⑤や⑦などによる学習も効果的と思われる．

（5）実技試験問題の構成

　気象予報士に求められるのは，終局的には本職の予報官と本質的には同じ技術レベルと考えられ，気象予報士試験はその技術レベルを有するかどうかを問われるものである．

　したがって，本職の予報官が行っている予報作業手順と基本的に同じものを習得しておく必要がある．実技試験の問題は，主テーマ（たとえば，南岸低気圧，梅雨前線，台風など）を中心としたストーリー展開によって設問が構成されており，そのストーリー展開は予報作業手順の流れを背景としている．参考図1に予報作業手順における気象予測（天気予報）のシナリオ作成から予報警報作業に至るステップを示す．

ステップ1：実況解析・監視

　予報作業における最も基本的かつ重要な部分で，地上天気図，高層天気図・解析図，気象衛星画像，レーダーエコー図等を用いて，着目すべき気象じょう乱や重要な気象現象は何かについて，複合的・立体的に捉える．このステップ1に相当する実況解析・監視は，初期状況についての検討で，気象概況として，実技試験の最初の設問の定番となっている．

　ただし，実際の予報作業では，実況解析だけでなく，実況をさかのぼって過去からの経過と前回イニシアルの数値予報やガイダンスの予測との比較，評価し，それらの原因を考察するが，実技試験ではこのステップについては問われていない．

ステップ2：予報（数値予報，ガイダンス資料の解釈）

　数値予報予想図や天気予報ガイダンスなどによって，将来の状況を予想する．実技試験では，実況（初期値）から着目する気象じょう乱や気象現象がどのように変化（移動，発達・衰弱）について問われる．

ステップ3：総観気象に関する知見

　実況経過と予測資料から天気現象の変化をみるもので，前記「（4－3）現象についての知識をも

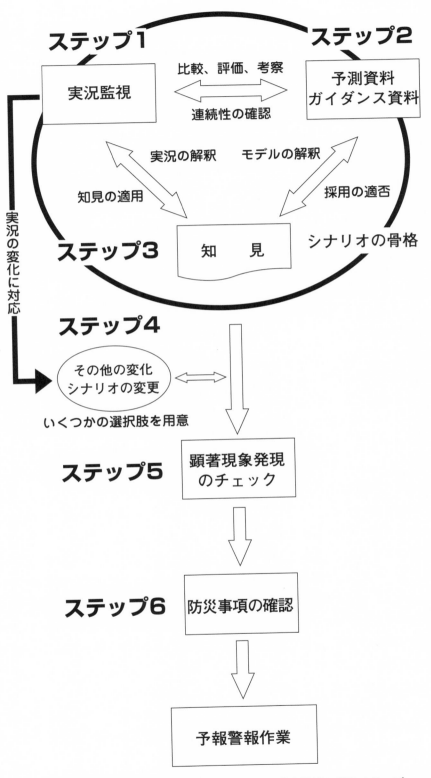

参考図1　気象予測のシナリオの作成から予報警報作業に至るステップ
（気象庁提供，23頁「気象予報士試験のための参考書」の⑨）

つ」で述べた知見がベースになる．実技試験では，各予報ステージに対する予想図から気温・風・天気などの気象要素を解釈する設問として設定される．

　通常は，ステップ2とステップ3は合わせて問われることが多く，気象じょう乱や気象現象の変化に伴い，天気現象がどのように変化するかについて問われる．ステップ2とステップ3は実技試験のメインの部分で，天気予報の根幹をなす温帯低気圧，台風，寒冷低気圧，梅雨前線などの気象じょう乱の機構・構造の変化や天気現象の変化などを理解しているかが試される．

ステップ4：シナリオの変更，その他の変化についての検討

　ステップ3までで気象予測のシナリオの骨格は出来上がっているが，実況経過や予測資料から予想できない急激な変化や大きな変化が現れた場合には，いくつかの選択肢を用意することによって，対応する．実技試験では，このレベルに関する設問は想定されない．

ステップ5：顕著現象の発現のチェック

　想定した天気現象の経過に伴って予想される顕著現象をチェックする．現象の発現の時刻，場所，現象の程度（強度），継続時間，変化傾向について検討し，予想される気象災害を特定して，時間的な経過も考え注意報や警報の発表時期などをシナリオに加える．気象予報士は注意報や警報の発表に関わることはないが，第33回実技1では，大雨に関する注意報・警報の発表基準と発表実施の経過について取り上げられている．

ステップ6：防災事項の確認

　実況および予測資料から予想される顕著現象によって発災の恐れがある気象災害の形態や程度を考慮し，防災事項を確認する．実技試験では，ステップ5と関連させ，予想される顕著現象とそれに伴って発生する恐れのある気象災害，防災事項，注意報・警報との関連などを問う設問がほぼ毎回出題されている．

（6）実技試験の特徴を知る

　実技試験は，限られた時間（75分）内に天気予報をするために必要な実務的な知識と技能を有しているかどうかを問われるものである．
そのための対策のポイントは，次のとおりである．

（1）問題の主要テーマと，予報作業の流れのストーリー展開としての設問を見極める．
　　日本付近の天気を支配する代表的・典型的なじょう乱（参考表3に示す約10例）の構造・機構およびそれに伴う天気現象をしっかり理解しておかなければならない．これらのじょう乱がどのように変化（移動，発達・衰弱）し，それに伴い天気現象はどのように変わるのかがストーリー展開され，設問として問われる．

（2）解答にあたっては，以下のことに留意する．

①バランスよく解答できること．問題には，ストーリー性があるので，順に解答することが望ましいが，解答に窮する設問は後回しにして，時間内にすべての問題に対処できるように時間配分に考慮する．後半に安易な問題が出題されている傾向がある．

②問題を丁寧に読むこと．問題文の中に解答のための着目点やヒントが含まれていることが多いので，出題者が何を問わんとしているかを推測し，問題に取り組む．

参考表3　第1～最近までの実技試験の主テーマ

種別	出題頻度
温帯低気圧	約51%
南岸低気圧	17%
日本海低気圧	20%
二つ玉低気圧	13%
台風	約16%
梅雨前線	約12%
寒冷低気圧	約 9%
冬型	約 5%
ポーラーロウ	約 4%
北東気流	約 2%
太平洋高気圧	約 1%

③実況と予報の資料から，正しい気象状態と今後の推移についての状況判断ができ，天気概況や予報文が書けること．

④与えられた資料の正しい見方，読み取り方ができること．どの資料（図表）に基づいて，何を解答するのかを見極めること．

⑤設問が要求している指定字数の枠内で，適切なキーワードを使って，論理的で簡潔な文章にまとめることができる．問われていないことや余分なことは書かない．

⑥計算問題が正しく解ける．単位や有効数字にも留意する．

⑦穴埋め問題に適切に解答できる．（　）内に単位や用語が入っている場合と入っていない場合があるので気をつける．たとえば，（15℃）の場合と（15）℃の場合や（積乱雲）の場合と（積乱）雲の場合．

⑧範囲が指定されて解析（描画）する（たとえば，前線，ジェット気流，シアーライン等を描く）場合は，指定範囲外まで解析（描画）しない．太線か太破線か矢印をつけるのかなども指示に従うこと．

⑨等値線解析（等圧線，等温線などの解析）は，数値や単位（hPa，℃など）をつけることを忘れないこと．

⑩難問や解答が紛らわしい問題にはあまり深入りせずに，できる問題ややさしい問題で決してミスをしないように留意する．

(7) 実技試験を突破するには

学科試験は合格しても，実技試験に合格できないいわゆる実技の壁を突破することが難しい人が多いが，これを克服するにはどうすればよいか．

(1) 実技試験の内容は，学科試験のように個別の知識を問われるものではなく，学科試験特に専門知識の各部門の知識を総合し，ストーリー化されたものである．つまり，1つの気象現象を多角的に捉えてみる能力を養わなければならない．それには，学科が合格レベルであるだけでは，不十分で，机上の学科の知識ではなく，気象現象をどのような切り口で解明しようとしているのか

を即座に見抜く技能を有するかである．したがって，反射神経的に対応できる能力が要求される．その意味で，まずは，一般知識をもとに専門知識の学習をくまなく，しっかり学習しておくことが肝心で，その上で，これらの知識を縦横に駆使して実用・応用化した総合力を身につけていく．

(2) 学科で学んだ一般知識・専門知識をベースにして，実技の基礎である各種気象観測実況図，各種天気図・解析図・予想図等の気象要素や種々の気象現象の見方・読み方・描き方，天気予報上重要なじょう乱（温帯低気圧，寒冷低気圧，ポーラーロウ，台風，梅雨前線などの大〜中間規模現象）の構造やライフサイクル（発生・発達・衰弱の一生）およびそれに伴う気象現象についてしっかり学習する．また，顕著現象（集中豪雨，竜巻など）をもたらす中小規模（メソβ，γ）現象について，その発生・発達の環境場やその構造についてもしっかり理解する．中小規模現象について，局地天気図，ウィンド・プロファイラ図，レーダー合成図，気象衛星画像（新たに出力されるようになった高頻度雲頂強調画像）などの時系列図や鉛直断面図を，小規模現象では，降水・雷・竜巻発生ナウキャストなどの時空間スケールの小さい予想図を解釈できるように学習しなければならない．

(3) 学科試験も同じであるが，実技試験は特に時間との勝負で，多くの図表類を駆使して，最後の設問まで，時間内で解きつくさなければならない．じっくり時間をかければ解けるという姿勢は通用しない．設問に即座に対応することは，なかなか難しい．これには，実戦に即した実技の演習問題にしっかり取り組んでいくとよい．ここ数年の過去問題をやると，最近の出題傾向や出題形式なども知ることができ，有効的・効率的である．気象業務の変遷に応じて実技試験で取り扱われる資料や出題内容も変わってくるので，最近（ここ5，6年）の過去問題を主体に取り組んでみるとよい．大事なことは，問題を眼で追い，答を想定するだけでなく，実際に頭をめぐらせ，手を動かして，解いていくことである．解答例と見比べて，ピントはずれの解答になっていないか，必要なキーワードが抜けていないか，問われていないことや余分なことを答えていないかなどを，自らチェックしながら理解し学習を進めていく．解答例をみて，棒暗記的な解答は，全く実力がつかない．どのように答えればよいか直感的反応ができ，万全の体勢で試験に臨めるまでしっかり演習問題を通じて訓練する．慣れてきたら，制限時間（たとえば，過去問題をやる場合には，本番並の75分）を設けて解答する訓練も必要である．

(4) 机上の学習だけでなく，毎日の天気変化に関心をもつ習慣を身につけるとよい．雨が降っているのはなぜか．気温が低いのはなぜか．風が強いのはなぜか…等々，日常的に気象現象に関心をもち，問題意識をもち，テレビや新聞の天気図や気象衛星画像などを見ながら，自分なりに答えを出してみる．インターネットで気象庁や気象会社のホームページの天気図，アメダス，気象衛星画像，レーダー画像，ウィンドプロファイラ図などの実況図の他に，予想図にもふれて気象情報やデータに慣れ親しむ．これらをもとに，天気概況や天気予報を考え，作成してみる．そして，実際の天気と自分で予想した天気を後で検証してみる．テレビの気象番組や新聞の天気に関する記事など，中でも異常気象や気象災害をもたらす激しい気象現象に対しては高い関心をもつようにする．また，気象庁のホームページには，新規・改善業務が掲載されるので，業務内容の変遷についてもしっかり追随できるように心がけるとよい．

気象予報士試験のための参考書

①下山紀夫：増補改訂新装版　気象予報のための天気図のみかた．東京堂出版（2023）

②天気予報技術研究会編：新版最新天気予報の技術．東京堂出版（2011）

③気象庁予報部予報課：平成20年度まで量的予報研修テキスト，平成21年度から30年度まで予報技術研修テキストとして発刊される．（一財）気象業務支援センター．

　　平成24年度以降のテキストは予報官の研修のために「実例に基づいた予報作業の例」を解説しており，実技試験のよい対策資料となっている（気象庁HPにも掲載）．

　　平成30年度で冊子体は廃止され，それ以降の最新の情報は，「予報技術に関する資料集のページ」（気象庁HP）に掲載されている．

　　(https://www.jma.go.jp/jma/kishou/know/expert/yohougijutsu.html)

④気象庁予報部数値予報課：数値予報研修テキスト，（一財）気象業務支援センター（気象庁HPにも掲載）

　　数値予報研修テキストは最新の数値予報モデルの仕様を知るうえで最適な資料であったが，第52巻（令和元年度）で冊子体の発行を終了し，令和2年度以降はスライド形式の数値予報研修資料集（⑤に記載）として発行されている．「平成30年度研修テキスト」および「令和4年度数値予報解説資料集」は，数値予報の基礎知識および最新の数値予報システムの詳細な解説がなされており，数値予報に関する基本的な知識はこれらの資料で十分といえる．

- ・平成29年度数値予報研修テキスト「数値予報システム・ガイダンスの改良及び今後の開発計画」（数値予報解説資料（50)），2017年11月
- ・平成30年度数値予報研修テキスト「第10世代数値解析予報システムと数値予報の基礎知識」（数値予報解説資料（51)），2018年11月
- ・令和元年度数値予報研修テキスト「最近の数値予報システムとガイダンスの改良について」（数値予報解説資料（52)），2019年12月

⑤気象庁情報基盤部数値予報課：数値予報解説資料集，気象庁HP

　　(https://www.jma.go.jp/jma/kishou/books/nwpkaisetu/nwpkaisetu.html)

- ・令和2年度数値予報解説資料集，2021年2月
- ・令和3年度数値予報解説資料集，2022年3月
- ・令和4年度数値予報解説資料集，2023年1月

⑥北畠尚子（気象庁監修）：総観気象学　基礎編，2019年3月，気象庁HP

─最近の実技試験の出題傾向と対策─

第44回（平成27年度第1回）から第59回（令和4年度第1回）までの過去8年の16回の実技試験から，最近の出題傾向をみて対策を探ってみる．

この8年間は温帯低気圧（19例），その内南岸低気圧（9例），日本海低気圧（7例），二つ玉低気圧（3例）など温帯低気圧の発達過程を問うものが最も多い．台風（熱帯低気圧）も6例ある．停滞（梅雨）前線が3例，ポーラーロウ（寒気内小低気圧）が3例あり，寒冷低気圧（寒冷渦）や切離低気圧が4例である．最近は台風や寒冷低気圧，ポーラーロウといった，温帯低気圧以外も多い．

温帯低気圧の発達・衰弱過程と移動に関しては最も基本的で重要な課題で，傾圧不安定理論に基づいた設問で狙いどころも変わることはない．気象庁HPにある，総観気象学基礎編は温帯低気圧についてポイントをしっかりつかんだ内容となっているので学習しておきたい．強風軸（ジェット気流）（300hPa，500hPa），500hPaの高度・渦度（トラフ・リッジ）・温度，850hPaの温度・風，700hPa鉛直流・湿数などに着目して，暖気上昇・寒気下降に伴う有効位置エネルギーの運動エネルギーへの変換による低気圧の発達・衰弱についてしっかり学習しておきたい．

台風の構造と移動，台風災害などについては定番的な設問だが，第54回実技2のように台風の温低化について扱われることもあるので，台風から温帯低気圧への構造変化について，学習しておきたい．台風の構造は寒冷低気圧の違いと対比させて学習すると，両者のイメージが掴める．

なお，低気圧や台風の移動速度の読み取りは毎回のように出題されている．求める単位が海里の場合もkmの場合もある．速度計算に慣れておく必要がある．

気象概況については穴埋め形式で問う定番スタイルの設問だが，地上，高層天気図，気象衛星画像による初期時刻の実況から，その後の着目すべき現象の変化をみる上で基礎となるものである．地上天気図に含まれる台風情報や全般海上警報の解読，天気記号の各種気象要素の読み取りの問題は，毎回出題されている．第58回実技1では発達する低気圧の記事と全般海上警報の基準値の関係から風速を求める設問もあった．全般海上警報は種類だけではなく基準値も覚えておく必要がある．天気記号の各気象要素は，その意味を理解し，覚えることは必須である．最近は十種雲形や前線の名前を漢字で書くように指示されている．当然ではあるが気象用語は漢字で書けるようにしておかなければならない．

高層天気図解析では，500hPa面でのトラフ（第58回実技1，第59回実技2など），リッジ（第57回実技1），300hPa面でのジェット気流・強風軸の解析（第56回，第57回実技1など），低気圧の発達過程とジェット気流（500hPa，300hPaの強風軸）やトラフとの関係（第57回実技1，第58回実技2など）の他に，気象衛星画像との対応，強風軸やトラフとの対応（第55回，第59回実技2など）も連続的に出題されている．第52回実技2で層厚から気柱の平均気温を求める出題もあった．850hPa面では，暖気・寒気の移流（第50回実技1，2，第52回実技1，2など）や水蒸気フラックス（第44回実技2）の大きさが問われている．

気象衛星画像解析では，雲形判別及び成因（第52回実技1，2，第58回実技2など）や気象じょう乱特有の雲パターン，例えば，バルジ（低気圧，前線）（第57回実技1，第58回実技2

など），台風（第53回実技1，第54回実技2など），渦（寒冷渦）（第50回，第55回実技2），帯状雲，日本海寒帯気団収束帯（冬型）（第49回実技1，第59回実技2など），すじ状雲（冬型）（第46回，第49回実技1），なまこ状雲（第51回実技2）など雲パターンはほぼ毎回出題されている．

　前線解析では，前線の定義に基づいた解析すなわち850hPa面での密度の異なる2つの気団の境界である等相当温位線集中帯（または等温線集中帯）の南縁を基本に，風のシア，湿潤域，上昇流域なども考慮して，850hPa面での前線を決め，これをベースに地上での気圧の谷，風のシア，降水域なども考慮して地上前線を描くことになる．第59回実技1のように閉塞前線や寒冷前線をどこに，どこまで延ばすのか難問が多い．第58回実技2では上空の強風軸をもとに閉塞前線および温暖，寒冷前線の描画が出題された．第48回実技2では，前線解析の他に，前線の移動や前線周辺の鉛直流，湿度の分布，循環場について問われた．状態曲線から前線の勾配や前線の幅（第55回実技1，第57回実技2，第59回実技1）を問う設問も最近多く出題されている．

　レーダーエコー合成図・解析雨量図解析は，強雨域の形状と強さの変化・移動，地上気圧場やシアーラインとの位置関係（第51回実技2，第56回実技2），地上前線対応の帯状エコーと850hPa面の前線との勾配，気象衛星画像との比較（第56回実技1）など種々出題されている．

　エマグラム（状態曲線，高層風プロファイル）解析は，状態曲線の描画（第47回実技2），持ち上げ凝結高度，自由対流高度，中立浮力高度（第53回実技2，第54回実技1など），大気の安定度（第49回，第51回実技1など），逆転層，雲頂高度，雲底高度（第55回，第59回実技2），逆転層の種類（第54回実技1），SSI（第51回実技1，第53回実技2など），転移層（第47回実技2），湿潤層（第49回実技2），融解層高度から雨・雪の判別（第47回実技1），フェーン現象の解明（第50回実技1，第53回実技2），温度風（第51回実技1，第55回実技2），状態曲線による地点の特定（第45回，第49回実技2）などで，状態曲線解析は大気の安定性や大気成層状態を知るには極めて重要で，出題頻度も高いので，しっかり対応できるように学習しておきたい．

　高層風時系列図・ウィンドプロファイラ解析は温暖前線・寒冷前線の通過（第56回，第59回実技1），シアーラインの通過（第48回，第49回実技1），暖気移流・寒気移流や上層・下層の気圧の谷（第50回実技2，第51回実技1），融解層付近の特徴（第54回実技1）を問うている．ウィンドプロファイラは，非降水時は大気分子のブラッグ散乱を捉えるが，降水時は降水粒子のレーリー散乱を捉えるので，降水時は下降流となることに注意したい．降水は，上昇流のある場で生じるが，雨滴（雪片）として落下してくるので，下降流として観測される．

　等値線解析は等圧線解析（第53回，第55回，第56回実技2など）が出題されているが，すでに描画されている等圧線にならって観測値の大小（高低）に沿って内・外挿して解析すればよい．等値線解析には，気圧，気温の他に露点温度，雨量，気圧変化量，風速など種々の物理量についての解析がある．

　局地天気図解析はアメダスの気温，風，降水量，日照時間などを用いた局地気象解析で，気温や風向の変化から局地的な高気圧の形成を推定（第49回実技1，第54回実技1），地上風の収束や気温分布の違いから雨の強弱（第47回実技1），アメダス風の変化から台風の中心（第54回実

技2）を問う問題などが出題されている.

シアーライン（収束線）解析は，シアーラインの解析（第55回実技1，第57回実技2，第59回実技2），シアーラインの移動（第48回実技2，第49回実技1），シアーラインとレーダーエコー分布との対応（第52回実技2，第56回実技2），シアーラインの通過と風・気温などの気象変化（第48回実技2，第49回実技1），JPCZ（日本海寒帯気団収束帯）によるシアーラインの解析（第46回実技2など），気象衛星赤外画像の帯状雲との位置関係，シアーラインの一つとして扱われている沿岸前線と温暖前線との関係（第55回実技1）などについて問われている．シアーライン，沿岸前線は風の不連続だけでなく，気温や降水とも関連しており，重要な局地気象解析なので，通過に伴う気象変化について理解しておきたい.

地上観測値時系列図解析は，温暖，寒冷前線通過に伴う各種気象要素の変化（第52回実技2），ガストフロントの通過（第53回実技2），台風通過に伴う気圧・風・降水量の変化（第54回実技2），ポーラーロウ接近・通過に伴う気圧・風・気温・相対湿度の変化（第51回実技2），低気圧の移動と風向の変化（第51回実技1）について問うている．第57回実技2では時系列図と記事欄から，現象の時系列を解釈させる設問があった．時系列図は，時間軸の向きが右から左もあれば左から右もあるので，最初に確認が大切である．また，風速の矢羽は国内式なので，国際式（ノット）と異なり，m/s単位である点も注意したい.

鉛直断面（予想）図解析は最近，ほぼ毎回出題されている．気象衛星画像，レーダーエコー図と気温・相当温位・風の鉛直断面図からじょう乱の構造や気流の状況をみる（第56回実技1，第59回実技2など），低気圧の中心付近や寒冷，温暖前線の鉛直断面図の風・相当温位・気温・相対湿度・鉛直流などから気象状況をみる（第58回実技1など），寒冷前線の転移層を解析する（第47回実技2），鉛直断面予想図から大気の成層状態をみる（第55回実技2，第59回実技1）など，鉛直断面（予想）図解析によって気象現象の立体構造がイメージできるため過去問などで学習しておくとよい.

メソモデル（MSMガイダンス）と全球モデル（GSMガイダンス）の予報特性比較は，最近，出題されることが多くなった．GSMガイダンスとMSMガイダンスの特性の違い（第53回実技1），またガイダンスではないがメソモデルと全球モデルの降水予報精度について比較（第52回実技1，第55回実技2）が出題されている．モデルの分解能も含めて予報精度や特徴について学習しておく必要がある．ガイダンスによる天気翻訳（第57回実技1），気温・降水量ガイダンスによる雨・雪判別（第47回実技2）なども出題されている．天気予報ガイダンスの種類，ガイダンスの使い方についても学習が必要である（https://www.jma.go.jp/jma/kishou/minkan/koushu170615/shiryou2.pdf）.

波浪解析は，第58回実技2では，ブレットシュナイダーの風浪の関係式に基づく風浪推算図から波高，吹走距離を求める出題があった．風浪推算図については以下のページで確認して欲しい（https://www.jma.go.jp/jma/kishou/books/sokkou/78/vol78p185.pdf）．海域の状態を表現する波高階級（例えば，しける：波高4m以上6mまで）は覚えておく必要がある．第58回実技1では高潮が問われた．「高潮モデルとその利用」（https://www.jma.go.jp/jma/kishou/minkan/koushu191209/shiryou3.pdf）も確認が必要である.

　最近の問題をみていると，気象業務が改善・変更されると，間をおかずに予報士試験問題に取り込まれているので，気象庁の HP などを常に注視しておく必要がある．流域雨量指数・土壌雨量指数の時系列図の解釈（第52回実技1），第44回実技2では，雨量の積算量と河川への流出量から土壌雨量指数を求め，前1時間雨量と土壌雨量指数の雨量判定図にスネークラインを記入して大雨注意報・警報や土砂災害警戒情報の発表基準について論じた問題もあった．表面雨量指数は，短時間強雨による浸水危険度の高まりを把握するための指標として平成29年から導入されたが，流量を求める設問（第53回実技1）が早くもあった．第55回実技2では，大雨害と土壌，表面，流域雨量指数の関係が出題されている．2021年3月に気象庁は「危険度分布」の愛称を「キキクル」に決定した．大雨警報（土砂災害）の危険度分布⇒土砂キキクル，大雨警報（浸水害）の危険度分布⇒浸水キキクル，洪水警報の危険度分布⇒洪水キキクル，これらについては表示方法も含め覚えておいてほしい．第59回実技1では，土砂災害の危険度分布（キキクル）が問われた．

　また，大雨・大雪・暴風・暴風雪・高潮・波浪の6つの警報および台風については特別警報が発表されるので，特別警報が発表された場合には，これに関連した問題がターゲットになることが想定される．気象庁 HP の「災害をもたらした気象事例」の最近の事例を見ておくとよい．

　雨雪判別は，地上付近の気温と相対湿度によって決まる．雪が落下中に融けて雨となる場合は，大雨注意報・警報の基準には達しないが，降水量に換算すれば多くなくても降雪，積雪となると，交通障害，路面の凍結，電線着雪，落雪事故，融雪，雪崩など種々の災害をもたらす．このため，雨雪判別は非常に微妙かつ大事で，予報者を悩ますテーマである．降雪量と降水量の比である雪水比（cm/mm）および融雪相当水量（第54回，第55回実技1）が出題された．

　第56回実技2では，台風予想図の台風位置が数値予報天気図の位置と異なる理由を問う出題があった．数値予報天気図が中心の予報に対してその修正にも係わる出題である．注目しておきたい．

　なお，第55回実技1，第57回実技2では大気現象の記事の読み取りが出題された．大気現象の記号や記事のとり方を覚えるために，気象庁 HP の「天気欄と記事欄の記号の説明」を見ていただきたい．（https://www.data.jma.go.jp/obd/stats/data/mdrr/man/tenki_kigou.html）

合格基準について

　気象庁・一般財団法人気象業務支援センターは，平成14年5月17日に6頁に示した合格基準を公表した．また，そこに示した最近の試験後発表された平均点によって調整された各合格基準をみると，実技試験の成績分布に応じた調整もなされている．これは，本試験の透明性を一層高めるものとして歓迎すべき処置である．また，第22回から実技試験の各設問の配点が公表されるようになったが，これも受験者の自己採点を容易にするものとして歓迎される．

　学科試験に関しては，気象業務支援センター発表の解答と照合した自己採点によって，これまでも推察されてきたとおりである．これからは，限られた時間の中で，自分が得意とする解きやすいものや，重点の置かれている分野で確実に正解するように，メリハリのきいた試験対策が望まれる．

　実技試験に関しては，気象業務支援センター発表の解答例が文章で示されているような設問の場合，キーワードが必要な数だけ解答の中に含まれ，論理の通った文章になっていれば，かなりの得点が得られるものと想像されるが，文章表現の評価については依然不明である．「総得点が満点の70％以上」という合格基準が示されているものの，実技試験のような文章による解答を含むものの「満点」とはどういう状況をいうのか，また「減点基準」はどうなっているのか，「定性的」な解答に対する「定量的」な評価について，今後，一層の情報公開を望みたい．そして，受験者に余計な負担をかけないような配慮が望まれる．

─ 自己採点について ─

　気象業務支援センターでは，実技試験の採点の仕方を公表していないが，次のようなことを目安にすれば，解答例を参考にある程度自分の試験結果の出来不出来が判断できるものと思う．

　○解答の形式には，解析，記述（文章），用語（名称），空欄の穴埋めなどいろいろあるが，解答と同時に発表される配点をみると，配点の多少も概ねこの順序である．解析の配点は比較的多く，記述（文章）形式の解答では，解答例にポイントとなることがら（キーワード）の数の多いもの，すなわち一般的には解答字数の指定の多いものが配点が多いと考えてよいであろう．また，記述（文章）形式の解答では，キーワードがどれだけ書かれているか，論理性があるか，結論が正しいかなどがキーポイントとなるであろう．指定字数についてはあまり神経質になる必要はないが，題意に対し過不足なく記述すれば，概ね指定字数に近くなるはずである．あまり長すぎるのは，余分なことを書いているおそれがあり，極端に短い場合は，必要なことを書いていないおそれがある．指定字数のプラス・マイナス5字ぐらいを目安にしたい．穴埋め問題は，1つ1点が目安である．

　なお，気象業務支援センターによると，図表から数値を読み取る問題（例：エマグラム上でSSI）や，天気図上で前線の位置を示す問題などでは，読み取り誤差等を考慮し，適切な幅の許容範囲を設けているとのことである（個々の問題の許容幅については公表しないとしている）．また，用語（名称）についても，解答例と同一でなくとも同じ概念を示していると認められるもの（例：対流性の雲と対流雲，しゅう雨とにわか雨など）については正解（または準正解）として扱っているとのことである．しかし，寒冷前線を寒フレというような普遍性のない省略はしない方がよいと思われる．なるべく，問題に用いられている用語や名称を用いて解答したい．蛇足になるが，くれぐれも自分の知識をひけらかすような書き過ぎを避け，また設問と喧嘩して自己主張せず，素直に簡潔な表現で答えたい．

　誤字・脱字については，原則として誤字・脱字そのものを減点対象とはしないが，そのために解答内容が正確（解答者の意図したとおり）に表現されず，結果的に減点となることはあり得るとのことである．

［補 遺］

最近の予報業務・数値予報業務の改善の動向

　近年増加している激しい気象現象の発生に対する防災情報の拡充，特に人的被害を少なくするための社会のニーズの高まりに応えて，気象庁はこのたび「特別警報」を新設した．今夏，いくつかの事例で"「これまで経験したことのないような大雨」が予想されるので，直ちに生命を守るために行動して欲しい"と警告した気象庁は，既に特別警報を念頭においていたと考えられるが，2013年（平成25年）8月30日から運用を開始した．その背景には，最近の予報技術や数値予報の顕著な進展がある．こうした「新しい天気予報技術」が開発され，業務化されて新しい予報プロダクトが予報現場に行きわたると，その数年後には必然的に気象予報士試験に反映されてくる．学科試験はもとより，実技試験においても新しい予報プロダクトを用いた設問が出題されることになる．

1．特別警報の新設とその運用開始

①特別警報とは

　気象庁はこれまで，大雨，地震，津波，高潮などにより重大な災害の起こるおそれがある時に，警報を発表して警戒を呼びかけていた．これに加え，今後は，この警報の発表基準をはるかに超える豪雨や大津波等が予想され，重大な災害の危険性が著しく高まっている場合，新たに「特別警報」を発表し，最大限の警戒を呼びかける．

　特別警報が対象とする現象は，18,000人以上の死者・行方不明者を出した「東日本大震災における大津波」や，わが国の観測史上最高の潮位を記録し，5,000人以上の死者・行方不明者を出した「伊勢湾台風の高潮」，紀伊半島に甚大な被害をもたらし，100人近い死者・行方不明者を出した「平成23年台風第12号の豪雨」等が該当する．

　特別警報が出た場合，われわれの住まいのある地域は，数十年に一度しかないような非常に危険な状況にある．われわれは，周囲の状況や市町村から発表される避難指示・避難勧告などの情報に留意し，ただちに命を守るための行動をとる必要がある．

②特別警報と警報・注意報の関係について（参考図1）

　特別警報は，警報の発表基準をはるかに超える現象に対して発表される．特別警報の運用開始以降も，警報や注意報は，これまでどおり発表される．特別警報が発表されないからといって，安心は禁物である．大雨等においては，時間を追って段階的に発表される気象情報，注意報，警報や土砂災害警戒判定メッシュ情報等を活用して，早め早めの行動をとることが大切である．

③特別警報の発表基準（参考表1）

　特別警報の発表基準は，地域の災害対策を担う都道府県知事及び市町村長の意見を聴いて決められる．大雨特別警報については，これまで雨を要因とする基準（台風や集中豪雨により数十年に一度の降雨量となる大雨が予想される場合）と台風等を要因とする基準（数十年に一度の強度の台風や同程度の温帯低気圧により大雨になると予想される場合）の2つを用いて発表してきたが，令和2年8

月 24 日より，雨を要因とする基準に一本化された．そして，台風等を要因とする特別警報の基準は，暴風・高潮・波浪・暴風雪についてのみ用いられることとなった．

　大雨，大雪，暴風（暴風雪），高潮，波浪の特別警報の発表に係る指標として，例えば「雨に関する各市町村の 50 年に一度の値一覧」なども公表されている．

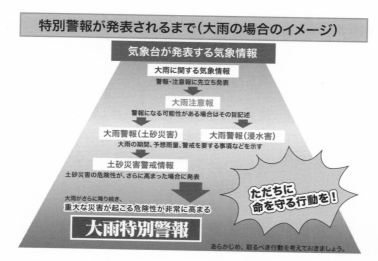

参考図 1　特別警報発表にいたる順序（大雨の場合）（気象庁提供）

参考表 1　気象等に関する特別警報の発表基準（気象庁 HP より）

現象の種類	基　　　準	
大　雨	台風や集中豪雨により数十年に一度の降雨量となる大雨が予想される場合	
暴　風	数十年に一度の強度の台風や同程度の温帯低気圧により	暴風が吹くと予想される場合
高　潮		高潮になると予想される場合
波　浪		高波になると予想される場合
暴風雪	数十年に一度の強度の台風と同程度の温帯低気圧により雪を伴う暴風が吹くと予想される場合	
大　雪	数十年に一度の降雪量となる大雪が予想される場合	

(注) 発表にあたっては，降水量，積雪量，台風の中心気圧，最大風速などについて過去の災害事例に照らして算出した客観的な指標を設け，これらの実況および予想に基づいて判断をします．

　大雨，大雪，暴風（暴風雪），高潮，波浪の特別警報の発表に係る指標として，例えば「雨に関する各市町村の 50 年に一度の値一覧」なども公表されている．
④特別警報の伝達の流れ
　特別警報は，行政機関（自治体）や様々なメディア（報道機関）を通じて住民に伝えられる．われわれは，テレビ，ラジオ，インターネット，広報車，防災無線などで，情報収集に努める必要がある．
⑤特別警報に関するより詳細な資料については（例えば③で述べた特別警報の発表に係る指標についての解説と具体的資料など），気象庁のホームページで，「知識・解説」→「全般」→「特別警報について」を参照してほしい．

2. 突風・落雷に関する気象情報

　気象庁は，平成19年（2007年）度末に「竜巻注意情報」の発表を開始したが，平成22年（2010年）5月から「竜巻発生確度ナウキャスト」・「雷ナウキャスト」を業務化し，当時の「降水ナウキャスト」，平成26年（2014年）8月から「高解像度降水ナウキャスト」とペアで，突風・落雷・大雨に対するきめ細かい対応の態勢が整ってきた（参考表2）．

参考表2　短時間予測情報（ナウキャスト）の種類（気象庁提供）

	竜巻発生確度ナウキャスト	雷ナウキャスト	高解像度降水ナウキャスト
発表間隔	10分ごとに発表		5分ごとに発表
予報時間	1時間先まで予報*		
格子の大きさ	10キロメートル	1キロメートル	30分先まで：250メートル 35〜60分先まで：1キロメートル
用いる資料	気象ドップラーレーダー 数値予報資料	雷監視システム 気象レーダー　気象衛星	気象レーダー 雨量計　高層観測データ
内　容	竜巻など激しい突風が発生する確度を表す	雷の活動度（雷の可能性及び激しさ）を表す	降水の強さの分布を表す

*局地的な現象を予報する場合，予報時間が長くなるとともに精度が落ちるため，1時間先までの予報としています．

　気象庁では，竜巻などの激しい突風や落雷などが予想される場合には，時間経過および突風・落雷の発生可能性に応じて段階的に気象情報を発表している．すなわち，

①予告的な気象情報：発達した低気圧などにより大雨などの災害が予想される場合，通常半日〜1日程度前に予告的に発表され，竜巻などが予想される場合には注意を呼びかける．

②雷注意報：積乱雲に伴う激しい現象（落雷・ひょう・急な強雨・突風）に対して注意を呼びかけるが，竜巻などが予想される場合には数時間前に「竜巻」を明記して注意を呼びかける．

③竜巻注意情報（参考図2）：「竜巻発生確度ナウキャスト」で発生確度2が現れた県などを対象に発表され，有効期間は発表から1時間としている．「竜巻発生確度ナウキャスト」の情報と合わせて利用することにより，竜巻が発生する可能性の高い地域の絞り込みや刻々と変わる状況の変化を詳細に把握することができる．

④竜巻発生確度ナウキャスト：10分ごとに提供され，発生確度1と2は「竜巻などの激しい突風が今にも発生しやすい気象状況になっている」ことを意味する．

竜巻注意情報
愛知県　竜巻注意情報　第1号
平成20年8月29日01時46分　名古屋地方気象台発表
愛知県では，竜巻発生のおそれがあります．
竜巻は積乱雲に伴って発生します．雷や風か急変するなど積乱雲が近づく兆しがある場合には，頑丈な建物内に移動する等，安全確保に努めて下さい．
この情報は，29日02時50分まで有効です．

参考図2　実際に発表された竜巻注意情報（気象庁提供）

⑤雷ナウキャスト：雷の活動度（雷の激しさや雷の可能性）を4段階で解析・予測し，10分毎に更新して提供する．雷に関する気象情報は，天気予報（予報文中に「大気の状態が不安定」や「雷を伴う」が入る），雷注意報，雷ナウキャストとして提供されている．

3. 大雨及び洪水注意報・警報の新しい基準と改善

大雨及び洪水注意報・警報の基準として，長い間，降水量（1時間，3時間及び24時間雨量）が用いられてきた．しかし，降水量より災害との関係の良い「土壌雨量指数」（降った雨が地中に蓄えられる量を数値化）及び「流域雨量指数」（降った雨が河川に流入する量を数値化）が平成20年5月に導入され，24時間雨量は注意報・警報基準として用いられなくなった．

さらに，平成29年7月より新たに「表面雨量指数」（降った雨が地中に浸み込まず地表面に溜められる量を数値化）を導入した．これにより，注意報・警報基準としてすべて指数が使われることとなった（参考表3参照）．なお，大雨特別警報の基準としては，降水量及び土壌雨量指数が用いられている．

気象予報士が直接注意報や警報を発表することはないが，常にどのようにして注意報・警報が作成されているかの情報を把握しておく必要がある．

参考表3 大雨及び洪水警報・注意報の指標

		指　標	
		平成29年7月以前	平成29年7月以降
大雨警報	（浸水害）	1時間雨量，3時間雨量	表面雨量指数
	（土砂災害）	土壌雨量指数	土壌雨量指数
大雨注意報		1時間雨量，3時間雨量，土壌雨量指数	表面雨量指数，土壌雨量指数
洪水警報・注意報		1時間雨量，3時間雨量，流域雨量指数	流域雨量指数，表面雨量指数

また，平成22年（2010年）5月より防災気象情報の改善の一環として，大雨や洪水などに対する警報・注意報を，個別の市町村を対象区域として（従前は複数の市町村で構成された地域を対象区域としていた）発表することとなった．これに伴い，天気予報ガイダンスもきめ細かなものに改善された．

4. その他の観測業務・予報業務等の改善等

(1) 2023年（令和5年）6月26日以降に発生する台風に対して，数値予報技術等の改善を踏まえて，台風進路予報の予報円の大きさ及び暴風警戒域を現在より絞り込んで発表する．（令和5年6月26日報道発表資料）

(2) 2023年（令和5年）6月9日から，エルニーニョ／ラニーニャ現象の監視に使用する海面水温データを，より品質の高いものに更新するとともに，過去のエルニーニョ現象等の発生期間を見直した．（令和5年6月16日報道発表資料）

(3) 防災に関する情報提供の充実に向けて，国・都道府県が行う洪水等の予報・警報や民間の予報業務の高度化を図るための「気象業務法及び水防法の一部を改正する法律案」が公布された．（令和5

年 5 月 31 日報道発表資料）

(4) 2023 年（令和 5 年）5 月 25 日から，「顕著な大雨に関する気象情報」について，線状降水帯による大雨の危機感を少しでも早く伝えるため，予測技術を活用し，最大 30 分程度前倒しして発表する．（令和 5 年 5 月 12 日報道発表資料）

(5) 2023 年（令和 5 年）3 月に，全球モデルの水平解像度を 20km から 13km に高解像度化するなど数値予報モデルを改良し，台風や前線に伴う強い降水の予測精度を改善する．（令和 5 年 3 月 7 日報道発表資料）

(6) 2023 年（令和 5 年）3 月 1 日に「線状降水帯スーパーコンピュータ」を稼働開始し，今後の線状降水帯の予測精度の向上及び情報の改善に順次つなげていく．（令和 5 年 2 月 24 日報道発表資料）

(7) 2022 年（令和 4 年）の出水期から，線状降水帯による大雨の半日程度前からの呼びかけ，キキクル（危険度分布）「黒」の新設と「うす紫」と「濃い紫」の統合，大雨特別警報（浸水害）の指標の改善等の，防災気象情報の伝え方を改善する．（令和 4 年 5 月 18 日報道発表資料）

(8) 2022 年（令和 4 年）6 月 1 日から，頻発する線状降水帯による大雨災害の被害軽減のため，線状降水帯予測を開始する．（令和 4 年 4 月 28 日報道発表資料）

(9)「熱中症警戒アラート」を 2021 年（令和 3 年）4 月 28 日から全国で運用を開始する．（令和 3 年 4 月 23 日報道発表資料）

(10) 1991〜2020 年の観測値による新しい平年値を 2021 年（令和 3 年）5 月 19 日から使用する．（令和 3 年 3 月 24 日報道発表資料）

(11) 2021 年（令和 3 年）3 月 4 日から，地域気象観測所（アメダス）で相対湿度の観測を順次開始する．（令和 3 年 2 月 26 日報道発表資料）

(12) 2020 年（令和 2 年）10 月 28 日から，海流・海水温が要因で潮位が平常よりも高まる際に発信する潮位情報を改善するとともに，従来よりもきめ細かな海流・海水温の情報提供を開始する．（令和 2 年 10 月 23 日報道発表資料）

(13) 2020 年（令和 2 年）9 月 23 日から，推計気象分布において天気，気温に加えて日照時間の要素を追加して提供する．（令和 2 年 9 月 17 日報道発表資料）

(14) 2020 年（令和 2 年）9 月 9 日から，24 時間以内に台風に発達する見込みの熱帯低気圧の予報を，これまでの 1 日先までから 5 日先までに延長する．（令和 2 年 9 月 7 日報道発表資料）

(15) 大雨特別警報と「警戒レベル」の関係を明確化するため，2020 年（令和 2 年）8 月 24 日から，大雨特別警報の発表基準を雨を要因とする基準に一元化し，台風等を要因とする特別警報の基準は暴風・高潮・波浪・暴風雪についてのみ用いることとする．（令和 2 年 8 月 21 日報道発表資料）

(16) 5 日先までの高潮の警報級の可能性をバーチャートを用いて提供する等，高潮及び潮位に関する各種情報を改善する．（令和 2 年 8 月 19 日報道発表資料）

(17) 2020 年（令和 2 年）3 月 18 日 11 時予報から，分布予報（天気，気温，降水量，降雪量）を，20km 四方単位から 5km 四方単位に高解像度化するとともに，予報期間を延長するなどの改善を行う．また，時系列予報についても予報期間の延長等を実施する．（令和 2 年 3 月 13 日報道発表資料）

(18) 令和元年 12 月 24 日から，気象庁 HP の洪水及び土砂災害に関する「危険度分布」に，洪水浸水想定区域や土砂災害警戒区域等のリスク情報を重ね合わせて表示する．（令和元年 12 月 24 日報道発表

資料)

(19) 2019 年（令和元年）6 月 19 日から「2 週間気温予報」の毎日提供を開始した．また，対象期間において極端な高温や低温，冬季日本海側地域の極端に多い降雪量が予想される場合に，早期天候情報（従来の異常天候早期警戒情報に相当）を原則月曜日と木曜日に発表する．（令和元年 5 月 17 日報道発表資料）

(20) 2019 年（平成 31 年）3 月 14 日から，台風強度予報（中心気圧，最大風速，最大瞬間風速，暴風警戒域等）を 3 日先から 5 日先までに延長した．また，台風の暴風域に入る確率情報も 5 日先までに延長した．（平成 31 年 2 月 20 日報道発表資料）

5. 第 10 世代数値解析予測システム（NAPS10）の運用開始

　気象庁では，新たなステージに対応した早めの防災対策と観測予報技術の改善を目的として，計算能力を強化することとし，2018 年（平成 30 年）6 月にスーパーコンピュータシステムを更新し，第 10 世代数値解析予報システム（NAPS10）の運用を開始した．NAPS10 で強化された計算能力を活かして実施される数値予報モデル等の高解像化や予報時間の延長等の計画については，参考表 4 に運用開始時（2018 年 6 月）の仕様，計算機更新の約 1 年後（2019 年 6 月）の仕様及び次期システムの最終仕様が一覧としてまとめられている．この中で，メソアンサンブル予報システム（MEPS）は 2019 年 6 月に正式運用が開始された．なお，数値予報モデルが予報対象とする気象擾乱のスケールの分類を参考図 3 に示す．

6. 気象庁発表の参考情報

　異常気象の実態と理由や地球温暖化の参考情報として気象庁から次のものが発表されており，気象予報士試験にも役立つと考えられる．ホームページの報道発表資料を見られたい．（（ ）内は報道発表日）

(1) 地球温暖化がさらに進行した場合，線状降水帯を含む極端降水は増加すると想定（令和 5 年 9 月 19 日）

(2) 令和 5 年梅雨期の大雨事例と 7 月後半以降の顕著な高温の特徴と要因について〜異常気象分析検討会の分析結果の概要〜（令和 5 年 8 月 28 日）

(3) 最新の技術を活用して過去約 75 年間の世界の気象・気候を解析・再現（令和 5 年 5 月 24 日）

(4) 気候変動に関する政府間パネル（IPCC）第 6 次評価報告書統合報告書の公表（令和 5 年 3 月 20 日）

(5) 「気候変動監視レポート 2022」を公表（令和 5 年 3 月 17 日）

(6) 線状降水帯予測精度向上に向けた技術開発・研究の成果の公表（令和 4 年 12 月 27 日）

(7) 「気候予測データセット 2022」及び解説書の公表（令和 4 年 12 月 22 日）

(8) 今年の南極オゾンホールは，最近 10 年間の平均値より大きく推移し，その最大面積は，南極大陸の約 1.9 倍．南極上空のオゾン層は，2000 年以降回復が継続（令和 4 年 11 月 25 日）

(9) 世界の主要温室効果ガス濃度は観測史上最高を更新〜「WMO 温室効果ガス年報第 18 号」の公表〜（令和 4 年 10 月 27 日）

(10) 夏の日本の平均気温と日本近海の平均海面水温の顕著な高温について（令和 4 年 9 月 1 日）

(11) 「メッシュ平年値 2020」（統計期間 1991〜2020 年の 1km 格子の平年値）を作成（令和 4 年 4 月 4 日）

参考表 4 主要な現業数値予報システムの仕様等に係る改良計画．第 9 世代数値解析予報システム（NAPS9）から変更になる部分を太字で示した．

	2018 年 6 月 （運用開始時）	2019 年 6 月 （開始から約 1 年後）	NAPS10 最終仕様
全球モデル （GSM）	20km，100 層 264 時間予報：1 回／日 （12UTC） **132 時間予報***：3 回／日 （00，06，18UTC）	20km，100 層 264 時間予報：1 回／日 （12UTC） **132 時間予報：3 回／日** （00，06，18UTC）	**13km，128 層** 264 時間予報：2 回／日 **（00，12UTC）** **132 時間予報：2 回／日** **（06，18UTC）**
全球アンサンブル 予報システム ** （GEPS）	40km，100 層 27 メンバー 264 時間予報：2 回／日 （00，12UTC） 132 時間予報：2 回／日 *** （06，18UTC）	40km，100 層 27 メンバー 264 時間予報：2 回／日 （00，12UTC） 132 時間予報：2 回／日 *** （06，18UTC）	**27km，128 層** **51 メンバー** 264 時間予報：2 回／日 （00，12UTC） 132 時間予報：2 回／日 *** （06，18UTC）
メソモデル （MSM）	5km，76 層 39 時間予報：8 回／日 （00，03，06，09，12，15，18，21UTC）	5km，76 層 39 時間予報：**6 回／日** （03，06，09，15，18，21UTC） **51 時間予報：2 回／日** **（00，12UTC）**	5km，**96 層** 39 時間予報：**6 回／日** （03，06，09，15，18，21UTC） **51 時間予報：2 回／日** **（00，12UTC）**
メソアンサンブル 予報システム （MEPS）	5km，76 層 **21 メンバー** 39 時間予報：4 回／日 **（00，06，12，18UTC）** 部内試験運用	5km，76 層 **21 メンバー** 39 時間予報：4 回／日 （00，06，12，18UTC） **正式運用**	5km，**96 層** **21 メンバー** 39 時間予報：4 回／日 （00，06，12，18UTC） **正式運用**
局地モデル （LFM）	2km，58 層 9 時間予報：24 回／日	2km，58 層 **10 時間予報**：24 回／日	2km，**76 層** **10 時間予報：24 回／日**
毎時大気解析	5km，48 層 24 回／日	5km，48 層 24 回／日	**2km，76 層** **48 回／日**
備考	* NAPS10 の運用開始後の 2018 年 6 月 26 日に，GSM の予報時間を 84 時間から 132 時間に延長した． ** ここでは，台風情報及び週間天気予報への支援に関わる情報のみを記述した． *** 全球アンサンブル予報システムの 06，18UTC 初期時刻は 1 日 2 回を最大として，全般海上予報区（赤道～北緯 60 度，東経 100～180 度）内に台風が存在する，または同区内で 24 時間以内に台風になると予想される熱帯低気圧が存在する場合，または，全般海上予報区外に最大風速 34 ノット以上の熱帯低気圧が存在し，24 時間以内に予報円または暴風警戒域が同区内に入ると予想された場合に実行される．		

平成 30 年度数値予報研修テキスト（気象庁予報部より）

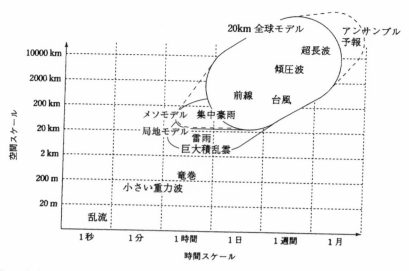

参考図3 気象庁の現在の各業務用数値予報モデルが予報対象とする気象擾乱のスケール（気象庁資料を一部改変）．

(12) 気候変動に関する政府間パネル（IPCC）第6次評価報告書第2作業部会報告書の公表について（令和4年2月28日）

(13) 2020年のアジア地域の天候や極端な気象現象とそれによる社会経済的な影響を取りまとめた，世界気象機関（WMO）の報告書「アジアの気候2020」が公開（令和3年10月25日）

(14) 令和3年8月の記録的な大雨の特徴とその要因について ～異常気象分析検討会の分析結果の概要～（令和3年9月13日）

(15) 気候変動に関する政府間パネル（IPCC）第6次評価報告書第1作業部会報告書（自然科学的根拠）の公表について（令和3年8月9日）

(16) 日本近海でも海洋酸性化が進行（令和3年3月19日）

(17) 2020年の日本沿岸の平均海面水位が過去最高を記録（令和3年2月25日）

(18) 生物季節観測の種目・現象の変更について（令和2年11月10日）

(19) 令和2年7月の記録的大雨や日照不足の特徴とその要因について（令和2年8月20日）

(20) 地球温暖化が進行，2019年の海洋の貯熱量は過去最大に（令和2年2月20日）

(21) 黄砂に関する情報の拡充，過去・現在・将来の黄砂の分布を連続的かつ面的に示した「黄砂解析予測図」を提供（令和2年1月24日）

(22) 世界の干ばつ監視情報の提供を開始（平成31年3月19日）

(23) 「ひまわり黄砂監視画像」の新規提供を開始（平成31年1月22日）

キキクル（危険度分布）

　大雨による災害の危険度をより視覚的に分かりやすく伝えるため，気象庁は土砂キキクル（大雨警報（土砂災害）の危険度分布），浸水キキクル（大雨警報（浸水害）の危険度分布）および洪水キキクル（洪水警報の危険度分布）を発表している．土砂キキクル及び浸水キキクルは全国 1km メッシュで，洪水キキクルは指定河川洪水予報の発表対象ではない中小河川（水位周知河川及びその他河川）を対象に概ね 1km ごとに提供される．危険度の高いレベルから「災害切迫」（黒）「危険」（紫）「警戒」（赤）「注意」（黄）「今後の情報等に留意」の 5 段階に色分けされている．10 分ごとに更新され，避難のタイミングをつかむための情報としての活用が期待される．

　危険度分布のもとになる技術は，降った雨の挙動を模式化し，災害発生リスクの高まりを示す指標として開発された土壌雨量指数，表面雨量指数，流域雨量指数である．それぞれ，土砂キキクル，浸水キキクル，洪水キキクルに利用される．災害発生リスクとこれら指数との関係を示す概念図を参考図 4 に示す．

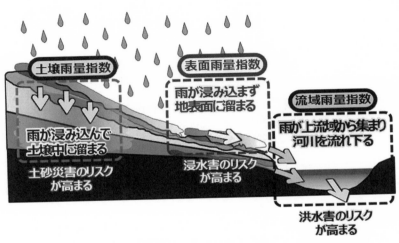

参考図 4　降った雨による災害発生リスクと各指数の関係（気象庁 HP より）

線状降水帯に関する情報

（1）顕著な大雨に関する気象情報

　大雨による災害発生の危険度が急激に高まっている中で，線状の降水帯により非常に激しい雨が同じ場所で降り続いている状況を「線状降水帯」というキーワードを使って解説する情報であり，前 3 時間積算降水量 100mm 以上の面積が 500km^2 以上で最大値が 150mm 以上，形状が線状（長軸・短軸比 2.5 以上）などの条件が満たされたときに発表される．令和 3 年（2021 年）6 月に業務が開始され，令和 5 年 5 月からは予測技術を活用して，これまでより 30 分程度前倒しで発表される．

（2）線状降水帯の予測情報

　線状降水帯による大雨の可能性が高いと予想された場合，半日程度前から，「九州北部」など大まかな地域を対象に，気象情報において「線状降水帯」というキーワードを使って呼びかける情報であり，令和 4 年（2022 年）6 月 1 日に発表が開始された．

防災気象情報と警戒レベルの対応について

　「避難情報に関するガイドライン」（内閣府・防災担当）では，住民は「自らの命は自らが守る」意識をもって，自らの判断で避難行動をとることが方針として示され，自治体や気象庁等からは5段階の警戒レベルを明記して防災情報が発表される．このガイドラインは令和3年（2021年）5月に改訂され，警戒レベル5が「緊急安全確保」に改められ，警戒レベル4の避難勧告が廃止され避難指示に一本化された．気象庁等の発表する防災気象情報をもとにとるべき行動と，相当する警戒レベルを参考表5に示す．

参考表5　防災気象情報をもとにとるべき行動と，相当する警戒レベル（気象庁HPより）

情報	とるべき行動	警戒レベル
● 大雨特別警報 ● 氾濫発生情報 ● キキクル（危険度分布） 「災害切迫」（黒）	地元の自治体が警戒レベル5緊急安全確保を発令する判断材料となる情報です．災害が発生又は切迫していることを示す警戒レベル5に相当します． 　**何らかの災害がすでに発生している可能性が極めて高い状況となっています．命の危険が迫っているため直ちに身の安全を確保してください．**	警戒レベル5 相当
● 土砂災害警戒情報 ● キキクル（危険度分布） 「危険」（紫） ● 氾濫危険情報 ● 高潮特別警報 ● 高潮警報	地元の自治体が警戒レベル4避難指示を発令する目安となる情報です．危険な場所からの避難が必要とされる警戒レベル4に相当します． 　災害が想定されている区域等では，**自治体からの避難指示の発令に留意するとともに，避難指示が発令されていなくてもキキクル（危険度分布）や河川の水位情報等を用いて自ら避難の判断をしてください．**	警戒レベル4 相当
● 大雨警報（土砂災害）※1 ● 洪水警報 ● キキクル（危険度分布） 「警戒」（赤） ● 氾濫警戒情報 ● 高潮注意報（警報に切り替える可能性が高い旨に言及されているもの※2）	地元の自治体が警戒レベル3高齢者等避難を発令する目安となる情報です．高齢者等は危険な場所からの避難が必要とされる警戒レベル3に相当します． 　災害が想定されている区域等では，**自治体からの高齢者等避難の発令に留意するとともに，高齢者等以外の方もキキクル（危険度分布）や河川の水位情報等を用いて避難の準備をしたり自ら避難の判断をしたりしてください．**	警戒レベル3 相当
● キキクル（危険度分布） 「注意」（黄） ● 氾濫注意情報	避難行動の確認が必要とされる警戒レベル2に相当します． 　**ハザードマップ等により，災害が想定されている区域や避難先，避難経路を確認してください．**	警戒レベル2 相当
● 大雨注意報 ● 洪水注意報 ● 高潮注意報（警報に切り替える可能性に言及されていないもの※2）	避難行動の確認が必要とされる警戒レベル2です．ハザードマップ等により，災害が想定されている区域や避難先，避難経路を確認してください．	警戒レベル2
● 早期注意情報（警報級の可能性） 注：大雨に関して，［高］又は［中］が予想されている場合	災害への心構えを高める必要があることを示す警戒レベル1です．**最新の防災気象情報等に留意するなど，災害への心構えを高めてください．**	警戒レベル1

※1　夜間～翌日早朝に大雨警報（土砂災害）に切り替える可能性が高い注意報は，高齢者等は危険な場所からの避難が必要とされる警戒レベル3に相当します．
※2　警報に切り替える可能性については，市町村ごとの警報・注意報のページで確認できます．

予報精度評価や検証に用いる基本的な指標（まとめ）（気象庁資料による）

1.　検証に用いる基本的な指標

(1) 平均誤差，平方根二乗平均誤差，誤差の標準偏差

　予報誤差を表す基本的な指標として平均誤差（Mean Error, ME, バイアスと表記する場合もある）と平方根二乗平均誤差（Root Mean Square Error, RMSE）がある．これらは次式で定義される．

$$ME \equiv \frac{1}{N}\sum_{i=1}^{N}(x_i - a_i)$$

$$RMSE \equiv \sqrt{\frac{1}{N}\sum_{i=1}^{N}(x_i - a_i)^2}$$

　ここで，N は標本数，x_i は予報値，a_i は実況値である（実況値は客観解析値，初期値や観測値が利用されることが多い）．ME は予報値の実況値からの偏りの平均である．RMSE は最小値 0 に近いほど予報が実況に近いことを示す．また，北半球平均等，広い領域で平均をとる場合は，緯度の違いに伴う面積重みをかけて算出する場合がある．

　RMSE は ME の寄与とそれ以外を分離して，

$$RMSE^2 = ME^2 + \sigma_e^2$$

$$\sigma_e^2 = \frac{1}{N}\sum_{i=1}^{N}(x_i - a_i - ME)^2$$

と表すことができる．σ_e は誤差の標準偏差（ランダム誤差）である．

(2) アノマリー相関係数

　アノマリー相関係数（Anomaly Correlation Coefficient, ACC）とは予報値の基準値からの偏差（アノマリー）と実況値の基準値からの偏差との相関係数であり，次式で定義される．

$$ACC \equiv \frac{\sum_{i=1}^{N}(X_i - \bar{X})(A_i - \bar{A})}{\sqrt{\sum_{i=1}^{N}(X_i - \bar{X})^2 \sum_{i=1}^{N}(A_i - \bar{A})^2}} \qquad (-1 \leq ACC \leq 1)$$

ただし，

$$X_i = x_i - c_i, \ \ \bar{X} = \frac{1}{N}\sum_{i=1}^{N}X_i$$

$$A_i = a_i - c_i, \ \ \bar{A} = \frac{1}{N}\sum_{i=1}^{N}A_i$$

である．ここで，N は標本数，x_i は予報値，a_i は実況値，c_i は基準値である．アノマリー相関係数は予報と実況の基準値からの偏差の相関を示し，基準値からの偏差の増減のパターンが完全に一致している場合には最大値の 1 をとり，逆に全くパターンが反転している場合には最小値の−1 をとる．

(3) スプレッド

　アンサンブル予報のメンバーの広がりを示す指標であり，次式で定義する．

$$\text{スプレッド} \equiv \sqrt{\frac{1}{N}\sum_{i=1}^{N}\left[\frac{1}{M}\sum_{m=1}^{M}(x_{mi}-\bar{x}_i)^2\right]}$$

ここで，M はアンサンブル予報のメンバー数，N は標本数，x_{mi} は m 番目のメンバー予報値，$\bar{x}_i$ は

$$\bar{x}_i \equiv \frac{1}{M}\sum_{m=1}^{M}x_{mi}$$

で定義されるアンサンブル平均である．

2. カテゴリー検証で用いる指標など

カテゴリー検証では，まず，対象となる現象の「あり」，「なし」を判定する基準に基づいて予報と実況それぞれにおける現象の有無を判定し，その結果により標本を分類する．そして，それぞれのカテゴリーに分類された事例数をもとに予報の特性を検証する．

（1）分割表

分割表はカテゴリー検証においてそれぞれのカテゴリーに分類された事例数を示す表である（参考表）．各スコアは，表に示される各区分の事例数を用いて定義される．

また，以下では全事例数を $N = FO + FX + XO + XX$，実況「現象あり」の事例数を $M = FO + XO$，実況「現象なし」の事例数を $X = FX + XX$ と表す．

参考表 分割表．FO，FX，XO，XX はそれぞれの事例数を表す．

		実況あり	実況なし	計
予報	あり	FO	FX	FO + FX
	なし	XO	XX	XO + XX
計		M	X	N

（2）適中率

$$\text{適中率} \equiv \frac{FO+XX}{N} \qquad (0 \leq \text{適中率} \leq 1)$$

適中率は予報が集中した割合である．最大値 1 に近いほど予報の精度が高いことを示す．

（3）空振り率

$$\text{空振り率} \equiv \frac{FX}{N} \qquad (0 \leq \text{空振り率} \leq 1)$$

空振り率は，全事例数（N）に対する空振り（予報「現象あり」，実況「現象なし」）の割合である．最小値 0 に近いほど空振りが少ないことを示す．

ここでは全事例数に対する割合を空振り率の定義としているが，代わりに予報「現象あり」の事例数（$FO + FX$）に対する割合として定義することもある．その場合，分母は（$FO + FX$）となる．

（4）見逃し率

$$\text{見逃し率} \equiv \frac{XO}{N} \qquad (0 \leq \text{見逃し率} \leq 1)$$

　見逃し率は，全事例数（N）に対する見逃し（実況「現象あり」，予報「現象なし」）の割合である．最小値 0 に近いほど見逃しが少ないことを示す．

　ここでは全事例数に対する割合を見逃し率の定義としているが，代わりに実況「現象あり」の事例数（$M = FO + XO$）に対する割合として定義することもある．その場合，分母は M となる．

（5）捕捉率

$$捕捉率 \equiv \frac{FO}{M} \qquad (0 \leq 捕捉率 \leq 1)$$

　捕捉率は，実況「現象あり」であったときに予報が適中した割合である．最大値 1 に近いほど見逃しが少ないことを示す．一般に Hit Rate とも記される．

（6）誤検出率

　誤検出率（False Alarm Rate, Fr）は実況「現象なし」であったときに予報が外れた割合であり，（3）項の空振り率とは分母が異なる．

$$Fr \equiv \frac{FX}{X} \qquad (0 \leq Fr \leq 1)$$

　最小値 0 に近いほど空振りの予報が少なく予報の精度が高いことを示す．

（7）バイアススコア

　バイアススコア（Bias Score, BI）は実況「現象あり」の事例数に対する予報「現象あり」の事例数の比であり，次式で定義される．

$$BI \equiv \frac{FO + FX}{M} \qquad (0 \leq BI)$$

　予報と実況で「現象あり」の事例数が一致する場合 1 となる．1 より大きいほど予報の「現象あり」の頻度過大，1 より小さいほど予報の「現象あり」の頻度過小である．

（8）気候学的出現率

　現象の気候学的出現率 P_c は標本から見積もられる現象の平均的な出現確率であり，次式で定義される．

$$P_c \equiv \frac{M}{N}$$

　この量は実況のみから決まり，予報の精度にはよらない．予報の精度を評価する基準を設定する際にしばしば用いられる．

（9）スレットスコア

　スレットスコア（Threat Score, TS）は予報，または，実況で「現象あり」の場合の予報適中事例数に着目して予報精度を評価する指標であり，次式で定義される．

$$TS \equiv \frac{FO}{FO + FX + XO} \qquad (0 \leq TS \leq 1)$$

　出現頻度の低い現象（$N \gg M$，従って，$XX \gg FO, FX, XO$ となって，予報「現象なし」による寄与だけで適中率が 1 になる現象）について XX の影響を除いて検証するのに有効である．最大値 1 に近いほど予報の精度が高いことを示す．なお，スレットスコアは現象の気候学的出現率の影響を

受けやすく，例えば異なる環境下で行われた予報の精度比較には適さない．

（10）スキルスコア

　スキルスコア（Skill Score, Heidke Skill Score）は気候学的な確率で「現象あり」および「現象なし」が適中した頻度を除いて求める適中率であり，次式で定義される．

$$Skill \equiv \frac{FO + XX - S}{N - S} \qquad (-1 \leq Skill \leq 1)$$

ただし，

$$S = Pm_c(FO + FX) + Px_c(XO + XX),$$

$$Pm_c = \frac{M}{N}, \ Px_c = \frac{X}{N}$$

である．ここで，Pm_c は「現象あり」，Px_c は「現象なし」の気候学的出現率（(8) 項），S は現象の「あり」を $FO + FX$ 回（すなわち，「なし」を残りの $XO + XX$ 回）ランダムに予報した場合（ランダム予報）の適中事例数である．最大値 1 に近いほど予報の精度が高いことを示す．ランダム予報で 0 となる．また，$FO = XX = 0,\ FX = XO = N/2$ の場合に最小値 –1 をとる．

3. 確率予報に関する指標

ブライアスコア

　ブライアスコア（Brier Score, BS）は確率予報の統計検証の基本的指標である．ある現象の出現確率を対象とする予報について，次式で定義される．

$$BS = \frac{1}{N} \sum_{i=1}^{N} (p_i - a_i)^2 \qquad (0 \leq BS \leq 1)$$

　ここで，p_i は確率予報値（0 から 1），a_i は実況値（現象ありで 1，なしで 0）N は標本数である．BS は完全に適中する決定論的な（$p_i = 0$ または 1 の）予報（完全予報と呼ばれる）で最小値 0 をとり，0 に近いほど予報の精度が高いことを示す．また，現象の気候学的出現率 $P_c = M/N$（前掲 (8) 項）を常に確率予報値とする予報（気候値予報と呼ばれる）のブライアスコア BS_c は

$$BS_c \equiv P_c(1 - P_c)$$

となる．

受験案内

　気象予報士試験は「気象業務法第24条の2」に基づいて行われる国家試験です．受験資格の制限はありません．試験に合格すると「気象予報士」の資格が得られます（登録が必要）．

　試験の要領を以下にまとめましたが，変更されることもありますので，詳細は（一財）気象業務支援センターに問い合わせてください．

1. 試験機関　　一般財団法人　気象業務支援センター　　TEL 03 － 5281 － 3664（試験部直通）
   　〒 101-0054　東京都千代田区神田錦町3－17　東ネンビル
   　URL：http://www.jmbsc.or.jp/　　メール：siken@jmbsc.or.jp

2. 受　　付
   　試験実施日のおよそ2ヶ月半前から3週間ほど，土・日・祝日をのぞく10：00〜16：00まで，上記の気象業務支援センターにて受付．郵送も可（「特定記録」扱い）．FAXは不可．

3. 試　験　日
   　令和5年度は2回（5年8月27日（日）実施，6年1月28日（日）実施）．

4. 試　験　地
   　北海道・宮城県・東京都・大阪府・福岡県・沖縄県（受験申し込みのとき受験希望地を記入）．

5. 試験の時間割および試験科目，出題範囲
   　試験時間・科目・方法は下表の通り（令和5年度第1回試験要領．学科試験は各60分，実技試験第1部第2部は各75分の配分．平成28年度から時間割が変更となった）．

試験時間	試験科目	試験方法
09：40〜10：40	学科試験（予報業務に関する一般知識）	（多肢選択式）
11：10〜12：10	〃　　（予報業務に関する専門知識）	（　〃　）
12：10〜13：10	休　　憩	
13：10〜14：25	実技試験（気象概況及びその変動の把握） （局地的な気象の予報） （台風等緊急時における対応）	（記述式）
14：55〜16：10	〃　　　　　　〃	（　〃　）

　出題範囲は以下の通り（令和5年度第1回試験要領）．
　学科試験の科目
　1　予報業務に関する一般知識
　　　イ　大気の構造　　ロ　大気の熱力学　　ハ　降水過程　　ニ　大気における放射
　　　ホ　大気の力学　　ヘ　気象現象　　ト　気候の変動
　　　チ　気象業務法その他の気象業務に関する法規

2 予報業務に関する専門知識

　イ　観測の成果の利用　　ロ　数値予報　　ハ　短期予報・中期予報　　ニ　長期予報

　ホ　局地予報　　ヘ　短時間予報　　ト　気象災害　　チ　予想の精度の評価

　リ　気象の予想の応用

実技試験の科目

1　気象概況及びその変動の把握

2　局地的な気象の予報

3　台風等緊急時における対応

6. 試験科目の一部免除

（1）気象業務に関する一定の業務経歴を持っている場合，学科試験の全部または一部が免除されます（申請書と証明書が必要）．詳細は気象業務支援センターに問い合わせてください．

（2）受験した学科試験の全部または一部の学科について合格点を得た場合，合格発表日から一年以内に限り，該当する科目は試験が免除されます．

7. 合格発表

およそ30日〜40日後に発表されます．令和5年度第1回，第2回試験の合格発表は，それぞれ令和5年10月6日（金），6年3月8日（金）発表．試験の結果は，各受験者に郵送されるほか，気象業務支援センターのホームページにも合格者の受験番号が掲載されます．

令和5年度第1回　気象予報士試験

学科試験　予報業務に関する一般知識　試験時間60分　9：40～10：40
　　〃　　　　　　専門知識　　　　　〃　　60分　11：10～12：10
実技試験　1　　　　　　　　　　　　試験時間75分　13：10～14：25
　　　　　2　　　　　　　　　　　　　〃　　75分　14：55～16：10

注意事項　（全科目に共通の事項）

1　試験中は，受験票，黒の鉛筆またはシャープペンシル，プラスチック製消しゴム，ものさしまたは定規（三角定規は可．分度器付きのものや縮尺定規などは不可），コンパスまたはディバイダ（比例コンパスや等分割ディバイダ，目盛り付きディバイダなどは不可），色鉛筆，色ボールペン，マーカーペン，鉛筆削り（電動は不可），ルーペ，ペーパークリップ，時計（通信・計算・辞書機能付きのものは不可）以外は，机上に置かないでください．

2　問題用紙・解答用紙は，試験開始の合図があるまでは開いてはいけません．

3　問題の内容についての質問には一切応じません．問題用紙・解答用紙に不鮮明な部分がある場合は，手を上げて係員に申し出てください．

4　途中退室は，原則として，試験開始後30分からその試験終了5分前までの間で可能です．
　　途中で退室したい場合は手を上げて係員に合図し，指示に従って解答用紙を係員に提出してください．いったん退室した方は，その試験終了時まで再度入室することはできません．

5　不正行為や迷惑行為を行った場合，係員の指示に従わない場合には，退室を命ずることがあります．

6　試験時間が終了したら，回収した解答用紙の確認が終わるまで席を離れずにお待ちください．

7　問題用紙は持ち帰ってください．

（学科試験に関する事項）

1　指示に従って，黒の鉛筆またはシャープペンシルで，解答用紙の所定欄に氏名，フリガナと受験番号を記入し，受験番号に該当する数字を正しくマークしてください．マークが正しくないと採点されません．

2　解答は黒の鉛筆またはシャープペンシルを用いて，解答用紙の該当箇所にマークしてください．他の筆記用具では，機械で正しく採点できません．

3　解答を修正するときは，消え残りや消しゴムのカスが残らないよう修正してください．消え残りなどがあると，意図した解答にならない場合があります．

（実技試験に関する事項）

1　指示に従って，黒の鉛筆またはシャープペンシルで，解答用紙の所定欄に受験番号と氏名，フリガナを記入してください．

2　解答は黒の鉛筆またはシャープペンシルを用いて，解答用紙の該当箇所に楷書で記述してください．他の筆記用具による解答は認めません．判読不能な文字（乱筆，薄すぎる文字）は採点できません．

3　問題用紙の図表のページには，ミシン目が付いており，切り離しやすくなっています．

4　トレーシング用紙は，問題用紙に挟んであります．表紙に印刷したものさしは，自由に使用できます．

学 科 試 験

予報業務に関する一般知識

一般知識

問1　高度80km以下の地球大気の成分について述べた次の文(a)～(c)の正誤の組み合わせとして正しいものを、下記の①～⑤の中から1つ選べ。なお、水蒸気を除いた大気を乾燥大気という。

(a) 乾燥大気における酸素の容積比は30%を超える程度であり、残りのほとんどを窒素が占めている。

(b) 乾燥大気において、窒素と酸素に次いで大きな容積比を占めるのは、二酸化炭素である。

(c) オゾンは低緯度の成層圏で多く生成されており、オゾン全量は年間を通じて赤道を中心とした低緯度で最も多くなっている。

	(a)	(b)	(c)
①	正	正	誤
②	正	誤	正
③	誤	正	正
④	誤	誤	正
⑤	誤	誤	誤

一般知識　**問1　解説**

本問は，高度80km以下の地球大気の成分についての設問である．

文(a)：水は，気体・液体・固体と相変化するので，時間的空間的にその変動が大きいが，水蒸気を除いた乾燥空気の化学組成は種々の運動に伴う混合により中間圏界面付近（約80kmの高度）までほぼ一定である．地表付近の大気組成を示した参考表によれば酸素の容積比は20%を超える程度であり，残りのほとんどは窒素が占めている．よって，「酸素の容積比は30%を超える程度」とする文(a)は誤りである．

文(b)：参考表から，乾燥空気の成分の容積比を順に並べると，窒素78.09%，酸素20.95%，次いでアルゴン0.93%となっており，3番目に大きな容積比を占めるのはアルゴンである．よって，「二酸化炭素」を3番目とする文(b)は誤りである．ちなみに，二酸化炭素の容積比は0.03%と4番目である．

文(c)：オゾンは，太陽紫外線の下で光化学反応によって生成されるので，太陽光が最も強い低緯度の成層圏が主な生成場所となっている．一方，成層圏には低緯度から両極の中高緯度に向かう大規模な循環（ブリューワー・ドブソン循環）が存在し，これにより低緯度で生成されたオゾンは中高

緯度に運ばれる．このようなオゾンの輸送は冬季に最も活発になるので，冬から春先にかけて中高緯度の成層圏にオゾンが蓄積され，オゾン全量（地表面から大気上端までの気柱に含まれるオゾンの総量）が多くなる．実際，オゾン全量の緯度・季節変化を示した参考図によれば，オゾン全量は低緯度で少なく，中高緯度の冬季から春季にかけて多くなっている，よって，「年間を通じて赤道を中心とした低緯度で最も多くなっている」とする文(c)は誤りである．

　　したがって，本問の解答は，「(a)誤，(b)誤，(c)誤」とする⑤である．

参考表　地表付近の大気組成
（小倉義光『一般気象学　第2版補訂版』東京大学出版会，2016，p.13）

成　分	分子式	分子量	存在比率(%)	
			容積比	重量比
窒素分子	N_2	28.01	78.088	75.527
酸素分子	O_2	32.00	20.949	23.143
アルゴン	Ar	39.94	0.93	1.282
二酸化炭素	CO_2	44.01	0.03	0.0456
一酸化炭素	CO	28.01	1×10^{-5}	1×10^{-5}
ネオン	Ne	20.18	1.8×10^{-3}	1.25×10^{-3}
ヘリウム	He	4.00	5.24×10^{-4}	7.24×10^{-5}
メタン	CH_4	16.05	1.4×10^{-4}	7.25×10^{-5}
クリプトン	Kr	83.7	1.14×10^{-4}	3.30×10^{-4}
一酸化二窒素	N_2O	44.02	5×10^{-5}	7.6×10^{-5}
水素分子	H_2	2.02	5×10^{-5}	3.48×10^{-6}
オゾン	O_3	48.0	2×10^{-6}	3×10^{-6}
水蒸気	H_2O	18.02	不定	不定

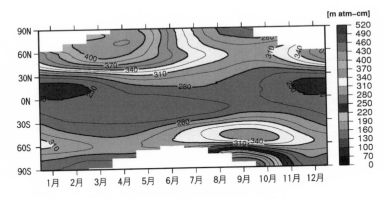

参考図　オゾン全量の緯度・季節変化（気象庁HPより）
　　　　白色の部分は衛星によるオゾン全量観測ができない領域

問1解答　⑤

一般知識

問2 気圧が1000hPa、温度26℃、水蒸気の混合比12.4 g/kg の地表近くの空気塊の持ち上げ凝結高度と、その高度まで持ち上げたときの空気塊の飽和水蒸気圧の組み合わせとして適切なものを、下記の①〜⑤の中から1つ選べ。ただし、乾燥断熱減率は10℃/kmとし、温度と飽和水蒸気圧の関係、及び高度と気圧の関係は以下の表で与えられている。また、水蒸気の混合比は次の式で近似できるとする。

$$水蒸気の混合比 [g/kg] = 620 \times \frac{水蒸気分圧 [hPa]}{気圧 [hPa]}$$

表：温度と飽和水蒸気圧の関係

温度 [℃]	14	15	16	17	18	19	20	21
飽和水蒸気圧 [hPa]	16	17	18	19	21	22	23	25

表：高度と気圧の関係

高度 [m]	500	600	700	800	900	1000	1100	1200
気圧 [hPa]	950	940	930	920	910	900	890	880

	持ち上げ凝結高度	飽和水蒸気圧
①	800 m	21 hPa
②	800 m	20 hPa
③	1000 m	20 hPa
④	1000 m	18 hPa
⑤	1200 m	16 hPa

一般知識　問2　解説

本問は，地表近くの空気塊の持ち上げ凝結高度に関する計算を行う設問である．

参考図に示したように，乾燥断熱線と等飽和混合比線の交点が，持ち上げ凝結高度とその高度における空気塊の温度を与える．乾燥断熱線上の気温減率は，高度の変化量があまり大きくなければ乾燥断熱減率10℃/kmと等しい．一方，等飽和混合比線は，特定の混合比の値を持つ空気塊が飽和する場合の気圧（または高度）と温度の関係を与える．水蒸気の混合比は凝結が起こらなければ保存され，凝結するときの水蒸気分圧は飽和水蒸気圧と等しい．したがって，本問における等飽和混合比線は，設問に与えられた混合比の式の左辺に12.4g/kgを代入し，右辺の水蒸気分圧を飽和水蒸気圧に置き換えた式と，温度と飽和水蒸気圧の関係の表，及び高度と気圧の関係の表から，高度と温度の間のグラフとして描くことができる．しかし，このようなグラフを描いて乾燥断熱線との交点を求めるのは時間がかかるので，設問に与えられた選択肢を利用して解くのがよい．

　選択肢①と②：持ち上げ凝結高度が800mなので，この高度における空気塊の温度は26℃－10℃/km × 800m ＝ 18℃と計算される．温度と飽和水蒸気圧の関係の表から，この温度の飽和水蒸気圧は21hPaなので，選択肢②は適切ではない．飽和水蒸気圧の値が正しい①については，設問に与えられた混合比の式を満たしているか調べる必要がある．高度と気圧の関係の表から，持ち上げ凝結高度の気圧は920hPaである．したがって，混合比は620 × 21hPa/920hPa ＝ 14.2g/kgと計算され，空気塊の混合比の値12.4g/kgとは異なる．よって，選択肢①も適切ではない．

　選択肢③と④：持ち上げ凝結高度は1000mなので，この高度における空気塊の温度は26℃－10℃/km × 1000m ＝ 16℃と計算される．温度と飽和水蒸気圧の関係の表から，この温度の飽和水蒸気圧は18 hPaなので，選択肢③は適切ではない．飽和水蒸気圧の値が正しい④については，高度と気圧の関係の表から，持ち上げ凝結高度の気圧は900hPaなので，混合比は620 × 18hPa/900hPa ＝ 12.4g/kgと計算され，空気塊の混合比の値と一致する．よって，選択肢④は適切である．

　選択肢⑤：凝結持ち上げ高度は1200mなので，この高度における空気塊の温度は26℃－10℃/km × 1200m ＝ 14℃と計算される．温度と飽和水蒸気圧の関係の表から，この温度の飽和水蒸気圧は16hPaなので，飽和水蒸気圧の値は正しい．高度と気圧の関係の表から，持ち上げ凝結高度の気圧は880hPaなので，混合比は620 × 16hPa/880hPa ＝ 11.3g/kgと計算され，空気塊の混合比の値とは異なる．よって，選択肢⑤は適切ではない．

　したがって，本問の解答は，「持ち上げ凝結高度1000m，飽和水蒸気圧18hPa」とする④である．

(註1) 最初に，気圧が1000hPaのときの空気塊の水蒸気分圧p_vを求めておくと，検討する選択肢を絞ることができる．設問に与えられた混合比の式に必要な数値を代入すると

$$12.4\text{g/kg} = 620 \times \frac{p_v}{1000\text{hPa}}$$

となるので，これを解くとp_v ＝ 20hPaが得られる．空気塊が上昇すると周囲の気圧が下がるので，水蒸気分圧は周囲の気圧に比例して減少する．持ち上げ凝結高度に達した空気塊の水蒸気分圧は飽和水蒸気圧と等しいので，そのときの飽和水蒸気圧も周囲の気圧に比例して減少する．したがって，与えられた選択肢のうち適切な候補は，飽和水蒸気圧の値が20hPaより小さい④と⑤の2つだけになる．

(註2) 設問に与えられた混合比の式を導いておく，まず，混合比wは水蒸気の密度ρ_vと乾燥空気の密度ρ_dから次の式で定義される．

$$w = \frac{\rho_v}{\rho_d}$$

温度Tの空気塊に含まれる乾燥空気の分圧p_dと水蒸気の分圧p_vは，気体の状態方程式から次のように表される．

$$p_d = \rho_d R_d T, \quad p_v = \rho_v R_v T$$

ここで，R_dとR_vはそれぞれ乾燥空気と水蒸気の気体定数である．また空気塊の気圧pは

$$p = p_d + p_v$$

で与えられ，これは周囲の気圧と等しい．これらの式を使うと，混合比を次のように表すことができる．

$$w = \frac{R_d}{R_v}\frac{p_v}{p_d} = \frac{R_d}{R_v}\frac{p_v}{p - p_v} \approx \frac{R_d}{R_v}\frac{p_v}{p}$$

ただし，$p \gg p_v$ であることを用いて近似してある．気体定数の比は分子量の比の逆数に等しいことと，乾燥空気と水の分子量がそれぞれ 29 と 18 であることを用いれば

$$w \approx \frac{18}{29}\frac{p_v}{p} = 0.62\,\frac{p_v}{p}$$

となる．混合比の単位を g/kg にするために右辺を 1000 倍すれば，設問の式が得られる．

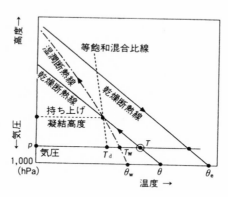

参考図　エマグラム上における熱力学的物理量の間の関係
円で囲んだ温度 T，気圧 p の空気塊について，露点温度 T_d，湿球温度 T_w，温位 θ，相当温位 θ_e，湿球温位 θ_w を示す．基準気圧は 1000hPa としている．本問では $p = 1000$hPa，$T = 26$℃で，等飽和混合比線の混合比は 12.4g/kg である．（小倉義光「一般気象学　第 2 版補訂版」東京大学出版会，2016, p.69）

問 2 解答　④

一般知識

問3　図のように、同じ緯度で標高が等しい地点 A、B、C、D において地上から大気上端までの気柱を考える。地点 B、C、D の気柱の温度は地点 A の気柱と以下の違いがあるが、これ以外の高度の温度は気柱 A と同じである。

　　地点 B：高度 2000m から上の厚さ 1000m の層では、平均温度が 1℃高い

　　地点 C：高度 10000m から上の厚さ 1000m の層では、平均温度が 1℃高い

　　地点 D：高度 2000m から上の厚さ 1000m の層では、平均温度が 1℃低い

　このとき、地点 A、B、C、D のうち地上気圧が最も低いものを、下記の①〜⑤の中から1つ選べ。なお、気柱内は平均温度に違いがある層の上下端付近を含めすべての場所で成層は安定で静力学平衡が成立しているものとする。

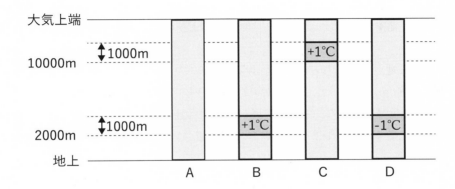

① 　A
② 　B
③ 　B と C
④ 　C
⑤ 　D

一般知識　**問3　解説**

　本問は，気柱の地上気圧と温度との関係を問う設問である.

　気象業務支援センターは当初，地点Bがもっとも地上気圧が低くなるとして，②が正解であると発表していた. しかしその後，設問自体が不適切だったとして，すべて正解として採点したと訂正発表している. なお，本問のように静力学平衡が成立する場合の気圧と温度の関係を問う設問は，今後も頻繁に出題されることが予想されるので，正解を訂正した経緯も含めて簡単に解説する.

　本問を解く上で重要なポイントは以下の2つである.

　(a)　ある高度の気圧は，それより上空にある空気の単位面積あたりの重さに等しい.

　(b)　空気の温度が高い（低い）ほど，空気は軽い（重い）.

　(a)は，重力による下向きの力は鉛直方向の気圧傾度力と釣り合うという，静力学平衡の関係が成立する状態での気圧と空気の重さの関係を示している. (b)は，空気の状態方程式から得られる基本的な大気の特性を表している.

　本問は地上気圧の最も低い地点を問う設問である. 上の2つを考慮すると，気柱の温度が高い地点ほど空気が軽く，地上気圧が低い. つまり，地点Bおよび地点Cの地上気圧は，地点Aや地点Dより低くなる.

　では，地点Bと地点Cのどちらがより地上気圧が低いのか.

　上層（高度10000m）に比べて，下層（高度2000m）の空気の方が密度は大きく重い. このため，同じ1℃の温度変化であっても，下層の温度が高い地点Bの方が，上層の温度が高い地点Cより温度変化の影響は大きくなる. つまり，地点Bの方が地上気圧の低下が大きくなるとして，②を正解としたものである.

　しかしこの説明では，温度変化のある上層（10000m〜11000m間）と下層（2000m〜3000m間）の差を比較したにすぎず，それ以外の層についてはまったく考慮されていない.

　先の説明から分かるように，高度10000mにおいては，地点Cは地点Bに比べて気圧は低く密度は小さくなる. この密度の違いは，それより下の全層に及び，地上気圧にも影響を与える. このため，気象業務支援センターは「正解を得るためには高度な数学的計算が必要となり，限られた時間内に正解を得ることは難しい問題」として，すべて正解として採点することとしたものである. 実際の計算には気柱全体の温度分布を与える必要があるが，一般的な大気の状態を考慮すると，地上気圧は地点Bではなく地点Cの方が低くなるとのことである.

> **問3解答　すべて正解として採点**

※ *p.*81掲載の気象業務支援センター発表
　文書参照.

一般知識

問4　降水過程に氷粒子が関与する「冷たい雨」について述べた次の文(a)〜(d)の正誤の組み合わせとして正しいものを、下記の①〜⑤の中から1つ選べ。

(a) 氷晶の生成に重要な働きをする氷晶核は、エーロゾルの一種で、水蒸気を凝結させる働きをする凝結核よりも一般に数が少ない。

(b) 氷粒子と過冷却水滴が共存する雲の中では、氷面に対する飽和水蒸気圧が水面に対する飽和水蒸気圧よりも低いことにより、昇華による氷粒子の成長が進みやすい環境となっている。

(c) 異なる落下速度の氷粒子どうしが衝突して付着する割合は、氷粒子の形や大きさにより違うが、温度には依存しない。

(d) 雪が落下するとき、空気が乾燥しているほど、雪は融解して雨になりやすい。

	(a)	(b)	(c)	(d)
①	正	正	正	誤
②	正	正	誤	誤
③	正	誤	誤	正
④	誤	正	正	正
⑤	誤	誤	誤	正

一般知識　**問4　解説**

　本問は，降水過程に氷粒子が関与する「冷たい雨」に関する設問である．

　大気の温度が0℃以下の高度において，水蒸気の量が氷面に対して過飽和になると，氷晶核の助けを借りて氷晶が形成されやすくなる．形成された氷晶は，水蒸気の昇華によって氷粒子として成長する．氷粒子と過冷却水滴が共存している雲の中では，氷粒子は過冷却水滴の捕捉によって成長して霰(あられ)や雹(ひょう)となる，氷粒子同士が衝突し付着することによっても成長し，雪片などが形成される．こうして雲の中で成長した氷粒子は，0℃より温度が高い空気中を落下してくる途中で融解し，雨として地上に降ってくる．これが「冷たい雨」である．これに対して，氷粒子が関与しない雨のことを「暖かい雨」という．日本では，降る雨の約80％は「冷たい雨」であるといわれている．

　文(a)：氷晶の生成に重要な働きをする氷晶核は，水蒸気を凝結させる働きをする凝結核と同様に，空気中に漂うエーロゾルの一種である．ただし，空気中の氷晶核の個数は一般に凝結核よりずっと少ないため，気温が0℃より下がっても微小水滴は直ちに凍ることはなく，過冷却水滴となる．よって，文(a)は正しい．

　文(b)：氷面に対する飽和水蒸気圧は，水面に対する飽和水蒸気圧より低い．これは，氷のほうが水分子の間の結合が強いので，熱運動によって氷面から空気中に飛び出す水分子が水面の場合より少なく，したがって空気中から氷面に飛び込む水分子もその分少なくて済むからである．このため，氷粒子と過冷却水滴が共存する雲の中では，昇華による氷粒子の成長が進みやすい．よって，文(b)は正しい．

　文(c)：異なる落下速度の氷粒子同士が衝突して付着する割合は，氷粒子の形や大きさによって異なり，特に樹枝状結晶は付着しやすいので，しばしば大きな雪片が形成される．付着し合う割合は温度にもより，温度が高くなるにつれて付着しやすくなる．よって，「温度には依存しない」とする文(c)は誤りである．

　文(d)：雪が落下するとき，空気が乾燥しているほど，昇華によって質量が失われて粒径が減少する．このとき雪から熱が奪われるので，雪が融解して雨になりやすくなることはない．よって，「雪は融解して雨になりやすい」とする文(d)は誤りである．

　したがって，本問の解答は，「(a)正，(b)正，(c)誤，(d)誤」とする②である．

問4解答　②

一般知識

問5　大気放射について述べた次の文(a)～(d)の正誤について、下記の①～⑤の中から正しいものを1つ選べ。

(a) 地球大気は、太陽放射に対して近似的に黒体とみなせることから、その吸収量の計算にはプランクの法則を適用できる。

(b) 波長 $0.3\mu m$ 以下の紫外線がほとんど地表面に到達していないのは、成層圏界面に達する前に、酸素分子及びオゾンによってほぼ吸収されるからである。

(c) 地球大気において地球放射を最も多く吸収している気体は二酸化炭素で、次がメタンである。

(d) 大気上端で放射平衡が成り立っている場合、大気上端における上向き地球放射量は、入射太陽放射量とアルベドの積に等しい。

① (a)のみ正しい
② (b)のみ正しい
③ (c)のみ正しい
④ (d)のみ正しい
⑤ すべて誤り

一般知識　**問5　解説**

　本問は、大気放射について述べた文の正誤に関する設問である.

　文(a)：黒体とは、入射した電磁波をすべて完全に吸収する仮想的な物体である. しかし、地球大気において、太陽放射は大気中に含まれる水蒸気や二酸化炭素などにより一部は吸収されるものの、可視光線領域はほとんど吸収されないので、地球大気は太陽放射に対して近似的にも黒体とみなすことはできない. よって、文(a)は誤りである.

　なお、プランクの法則は、黒体からの放射量を黒体温度と電磁波の波長の関数として表す基本的な物理法則である.

58

文(b)：成層圏界面と対流圏界面の間の成層圏にはオゾンが比較的多量に存在している．成層圏のオゾンは，酸素分子が紫外線（0.24μm 以下）により光解離して酸素原子となり，酸素分子と結合することによって生成される．また，オゾンは 0.3μm 以下の紫外線を吸収し，光解離を起こして酸素分子と酸素原子に分離する．この光解離反応により成層圏大気を加熱している．このような過程を通じて，太陽放射のうち波長が 0.3μm 以下の紫外線は，「成層圏界面」ではなく，対流圏界面に到達するまでに酸素分子やオゾンによってほぼ吸収されてしまい，ほとんど地表面には到達していない．よって，「成層圏界面に達する前に，酸素分子およびオゾンによってほぼ吸収されるから」とする文(b)は誤りである．

文(c)：地球放射を最も多く吸収している気体は水蒸気であり，次に二酸化炭素である．そのほかメタン，一酸化二窒素，フロンなどのハロカーボン類がある．よって，「最も地球放射を吸収している気体は二酸化炭素」とする文(c)は誤りである．

なお，地球放射を吸収する気体は温室効果をもたらすことから温室効果ガスとも呼ばれる．水蒸気は最も大きな温室効果をもつが，その大気中の濃度は人間活動に直接左右されるものではないので，人為起源の温室効果ガスとしては扱われない．

文(d)：放射平衡が成り立っている場合，大気上端では，上向きの放射量である「反射される太陽放射量」と「上向きの地球放射量」との和が，下向きの放射量である「入射する太陽放射量」と釣り合っている．これを式の形で表せば，

「反射される太陽放射量」＋「上向きの地球放射量」＝「入射する太陽放射量」

となる．

一方，アルベドとは，入射した太陽放射が雲やエーロゾル，地表面などで反射され，宇宙空間に戻される割合（およそ3割）のことで，これを A とすれば，大気上端から上向きに放射される「反射される太陽放射量」は，A ×「入射する太陽放射量」と表され，前述の放射平衡の式は，

「上向きの地球放射量」＝（1－A）×「入射する太陽放射量」

と変形できる．

結局，大気上端で放射平衡が成り立っている場合，大気上端における上向きの地球放射量は，入射する太陽放射量と（1－A）との積に等しい．よって，「入射太陽放射量とアルベド（A）の積に等しい」とする文(d)は誤りである．

したがって，本問の解答は，「すべて誤り」とする⑤である．

問5解答　⑤

一般知識

問6　北半球中緯度において水平方向にも高度方向にも一様な西風が吹く場があり、ある波動がこの場に重なった状態を考える。図は、そのような状態における東西方向の鉛直断面図で、等圧面 p および $p+\Delta p$（$\Delta p>0$）の高度を細い実線で、気圧の谷の軸を太い実線で示している。このとき、この図に示された2つの等圧面に挟まれた気層における南北方向の熱輸送について述べた次の文章の下線部(a)～(d)の正誤の組み合わせとして正しいものを、下記の①～⑤の中から1つ選べ。ただし、一様な西風と波動のいずれについても、地衡風平衡と静力学平衡が成立しているものとする。

　　図に示された気圧の谷の軸の東側では西側に比べて (a) 密度の大きい空気が (b) 北向きの成分を持つ風で運ばれている。また、気圧の谷の軸の西側では、東側に比べて (c) 温度の低い空気が南北方向の成分を持つ風で運ばれることによる熱輸送がある。これらを考慮すると、この図に示された波動の範囲では、熱は (d) 北向きに輸送されている。

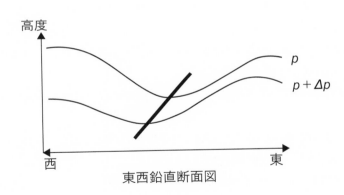

東西鉛直断面図

	(a)	(b)	(c)	(d)
①	正	正	正	正
②	正	正	誤	誤
③	正	誤	誤	誤
④	誤	正	正	正
⑤	誤	誤	正	誤

一般知識　**問 6　解説**

　本問は，偏西風上の波動による熱の南北輸送に関する設問である．

　問題の図においては，気圧の谷の軸は高さとともに東に傾いている．このため参考図 1 に示すように等圧線の間隔は気圧の谷の軸の西側でより大きく，東側でより小さくなっている．静力学平衡が成り立つ条件では，等圧面間の気圧差は，その間の単位面積当たりの空気の重さ（空気に働く重力）に等しいので，2 つの等圧面の高度差が大きいほど密度が小さい．谷の軸の西側では等圧線の間隔がより大きいので，Δp 間に密度のより小さな空気があることを意味し，逆に東側では等圧線の間隔が狭いので密度のより大きな空気があることを意味する．このことは気体の状態方程式から，西側では密度が小さいので温度がより高く，東側では大きいのでより低いことを示している．参考図 2 に示すように地衡風の関係から気圧の谷の西側では風は南向き成分（北西風）を持ち，東側では北向き成分（南西風）を持つから，この波動は気圧の谷の西側ではより暖かい空気を南に，東側ではより冷たい空気を北に運んでいることになる．気圧の谷の軸の東西あわせて考えると，この波動は正味の熱を南に輸送していることになる．

　なお，発達中の温帯高低気圧（傾圧不安定波）ではこの図とは逆に気圧の谷の軸は高さとともに西に傾いている．このため，本問の場合と比べ相対的な暖気と寒気が気圧の谷の軸を挟んで東西で入れ替わることになり，熱を北に輸送する．

　下線部(a)：気圧の谷の軸の東側では西側と比べ等圧線の間隔が狭く，密度が大きく，温度の低い空気が存在する．よって，下線部(a)は正しい．

　下線部(b)：軸の東側では地衡風の関係から北向き成分を持つ風（南西風）が吹いている．よって，下線部(b)は正しい．

　下線部(c)：気圧の谷の軸の西側では東側と比べ等圧線の間隔が広く，密度が小さく，温度が高い空気が存在する．よって，下線部(c)は誤り．

　下線部(d)；気圧の谷の軸の東側では西側と比べ冷たい空気が北向きに，西側では東側より暖かい空気が南向きに運ばれており，全体として熱は南向きに輸送されている．よって，下線部(d)は誤り．

　したがって，本問の解答は，「(a)正，(b)正，(c)誤，(d)誤」とする②である．

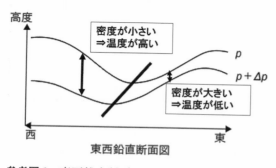

参考図 1　東西鉛直断面図における等圧線の間隔と密度、温度の関係

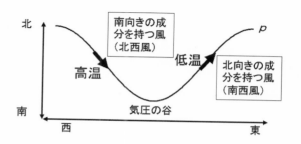

参考図 2　等高度面における気圧と風の関係

問 6 解答　②

一般知識

問7　図は、軸対称の気圧分布・風速分布をもつ低気圧の中心とその周辺の気温及び気圧の分布を、高度1000mから2000mの範囲で模式的に示したものである。この低気圧に伴う風と気圧について述べた次の文章の下線部(a)〜(d)の正誤の組み合わせとして正しいものを、下記の①〜⑤の中から1つ選べ。ただし、この低気圧の範囲では静力学平衡、及び傾度風平衡が成り立っており、コリオリパラメーターは一定、風向はどの高さでも同じとする。また、以下の文では気圧差は高い気圧から低い気圧を引いた差であり、すべて正である。

　　傾度風平衡にあるこの低気圧においては (a) 気圧傾度力がコリオリ力と遠心力の和と釣り合っている。また、この低気圧では、どの高度でも中心に近いほど高温であった。このとき、2つの高度1000m、2000mで考えると、静力学平衡の仮定より、中心 O の周辺の点 R における2つの高度間の気圧差 ΔP_R は、中心 O における2つの高度間の気圧差 ΔP_O より (b) 大きい。このことから、高度2000mにおける2点 O'、R' 間の気圧差 ΔP_{2000} は高度1000mの2点 O、R 間の気圧差 ΔP_{1000} より (c) 小さいことが分かる。これらのことから、中心ほど高温で軸対称な分布を持つこの低気圧においては、高度が高くなるほど風速は (d) 小さくなることが分かる。

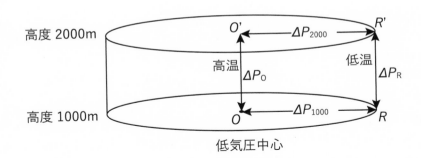

	(a)	(b)	(c)	(d)
①	正	正	正	正
②	正	正	誤	誤
③	正	誤	誤	誤
④	誤	正	正	正
⑤	誤	誤	正	誤

一般知識　問7　解説

　本問は，静力学平衡および傾度風平衡が成り立つ場合における，低気圧中心と周囲との気圧差および風速差に関する設問である．

　下線部(a)：参考図1に示す通り，北半球にある低気圧では，気圧傾度力は気圧の高い外側から内側に向かう．コリオリ力は風向の直角右方向に働くので，外向きになる．遠心力はもちろん外向きである．傾度風平衡においては，これらの力は釣り合っている．つまり，気圧傾度力はコリオリ力と遠心力の和と釣り合っているので，下線部(a)は正しい[註1]．

　下線部(b)：静力学平衡に関する理解があれば解ける問題である．本問を解く上で重要なポイントは，

　　・2つの等圧面にはさまれた大気の厚さ（高度差，層厚とよぶ）は，この層の平均気温に比例する[註2]

ということである．つまり，層厚は平均気温が高いほど厚くなる．逆に，層厚が同じならば，平均気温が高いほうが上下の等圧面の気圧差は小さくなる．

　設問では，低気圧中心は高温，周辺では低温となっている．中心 O と O' の高度差と，周辺 R と R' の高度差が同じであるので，高度1000mと高度2000mの気圧差は，低温の地点 R における ΔP_R の方が，高温の地点 O の ΔP_O より大きい．よって，下線部(b)は正しい．

　下線部(c)：低気圧なので，高度1000mにおける周辺 R の気圧は中心 O の気圧より高い．下線部(b)の結果から，周辺 R は中心 O に比べて鉛直方向の気圧減少量が大きいので，高度2000mにおける2点 O'，R' 間の気圧差 ΔP_{2000} は高度1000mにおける2点 O，R 間の気圧差 ΔP_{1000} より小さくなる．よって，下線部(c)は正しい．

　下線部(d)：高度が高くなるほど水平の気圧差が小さいということは，気圧傾度力が弱くなり，風速も小さくなる．よって，下線部(d)は正しい．

　したがって，本問の解答は，「(a)正，(b)正，(c)正，(d)正」とする①である．

（註1）参考図1は北半球の場合であるが，南半球でも下線部(a)の結果は正しい．なぜなら，南半球ではコリオリ力は北半球とは逆向きに，風向に対して直角左方向に働くが，低気圧の風は時計回り（北半球とは逆向き）であるので，コリオリ力は外向きに働くことになる．

　　　なお，高気圧の場合，気圧傾度力は外向き，コリオリ力は内向きになり，コリオリ力が気圧傾度力と遠心力の和と釣り合うことになる．

（註2）静力学平衡が成り立つ場合，2つの等圧面の気圧差はその間にはさまれた空気の単位面積当たりの重さに等しい．参考図2において，微小な高度幅 Δz にある空気の単位面積当たりの重さは $\rho g \Delta z$ であるので（ρ は密度，g は重力の加速度），上下面の気圧差 Δp は

$$\Delta p = \rho g \Delta z$$

となる．空気が理想気体であると仮定すると，状態方程式は

$$p = \rho R T$$

であるので（T は気温，ρ は密度）

$$\Delta p = \rho g \Delta z = \frac{gp}{RT}\Delta z \quad \Rightarrow \quad \Delta z = \frac{RT}{gp}\Delta p$$

となる．これは微小幅に対する関係であるが，より一般的には，気温ではなく平均気温を用いることで，層厚（Δz）はその間の平均気温に比例するという関係が成り立つ．

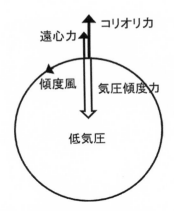

参考図1　低気圧に伴う傾度風と気圧傾度力，コリオリ力，遠心力の関係
　　　　　　北半球における各要素の釣り合いを示す．

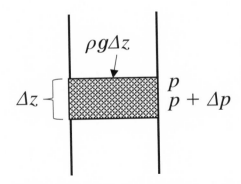

参考図2　静力学平衡が成り立つ大気の気圧と重さの関係

問7解答　①

問8　図は、北半球における安定で静力学平衡及び地衡風平衡が成立している大気の、ある高度の範囲における南北鉛直断面である。実線は等圧面、破線は等温位面を、また⊗と⊙はそれぞれ西風と東風の地衡風を表し、その大きさで風速の大小を示している。図(a)〜(e)のうち、等圧面、等温位面、地衡風の風向・風速の関係が正しいものを、下記の①〜⑤の中から1つ選べ。

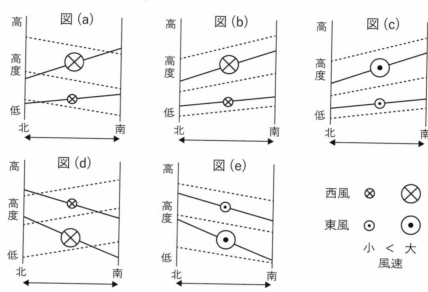

① 　(a)のみ
② 　(c)のみ
③ 　(a)と(e)
④ 　(c)と(d)
⑤ 　(b)と(e)

一般知識　**問8　解説**

　本問は，静力学平衡及び地衡風平衡が成立している北半球の安定成層した大気における等圧面，等温位面，地衡風の関係に関する設問である．

　まず，設問に与えられた南北鉛直断面図には，東西風の分布の他には等圧面と等温位面だけが描かれているが，静力学平衡した大気における気圧は下層ほど大きいことと，安定成層した大気における温位は上層ほど大きいことから，気圧と温位の分布がわかる．等値面が描かれていない領域の等値面は，内挿や外挿によって推定すればよい．次に，等圧面と地衡風の関係に関しては，北半球では，地衡風は水平面上の気圧の低い領域を左に見る向きに吹き，2つの等圧面の間の温度風（地衡風の鉛直方向の変化量）は層厚（2つの等圧面の鉛直方向の間隔）の小さな領域を左に見る向きに吹く．また，等圧面と等温位面の関係に関しては，層厚はその層の平均温度に比例し，等圧面上では温位は温度に比例する．等温位面と地衡風の関係に関しては，温度風の関係などによって間接的に考慮されるので，以上のことを用いて各図を検討すればよい．

　図(a)：水平面上の気圧は北にいくほど低いので，風は西風になる．2つの等圧面の間の層厚は北にいくほど小さいので，温度風は西風になり，上層では西風が強くなる．図に示された風の分布は西風で，上層では西風が強くなっているので，等圧面と地衡風の関係は正しい．次に，層厚は北にいくほど小さいので，2つの等圧面内の平均温度は北にいくほど低い．図に示された2つの等圧面上の温位は北にいくほど低く，したがって温度も北にいくほど低くなるので，等圧面と等温位面の関係も正しい．よって，図(a)は正しい．

　図(b)：等圧面と地衡風の関係については，図(a)と同様に正しい．層厚は北にいくほど小さいので，2つの等圧面内の平均温度は北にいくほど低い．図に示された等圧面上の温位は，下層では北にいくほど高く，上層では北にいくほど低いので，2つの等圧面内の平均温位や平均温度は大きく変化しない．したがって，等圧面と等温位面の関係は正しくなさそうであるが，その正誤について明確なことがいえない図になっている．よって，図(b)は判断がむずかしい．

　図(c)：水平面上の気圧は北にいくほど低いので，風は西風になる．2つの等圧面の間の層厚は北にいくほど小さいので，温度風は西風になり，上層では西風が強くなる．図に示された風の分布は東風で，上層では東風が強くなっているので，等圧面と地衡風の関係は正しくない．等圧面と等温位面の関係については，図(b)と同様である．よって，図(c)は誤りである．

　図(d)：水平面上の気圧は北にいくほど高いので，風は東風になる．2つの等圧面の間の層厚は北にいくほど小さいので，温度風は西風になり，上層では西風が強くなる．図に示された風の分布は西風で，上層では西風が弱くなっているので，等圧面と地衡風の関係は正しくない．次に，層厚は北にいくほど小さいので，2つの等圧面内の平均温度は北にいくほど低い．図に示された2つの等圧面上の温位は北にいくほど高いので，温度も北にいくほど高くなる．したがって，等圧面と等温位面の関係も正しくない．よって，図(d)は誤りである．

　図(e)：水平面上の気圧は北にいくほど高いので，風は東風になる．2つの等圧面の間の層厚は北にいくほど小さいので，温度風は西風になり，上層では西風が強く（東風が弱く）なる．図に示された風の分布は東風で，上層では東風が弱くなっているので，等圧面と地衡風の関係は正しい．次に，

層厚は北にいくほど小さいので，2つの等圧面内の平均温度は北にいくほど低い．図に示された2つの等圧面上の温位は北にいくほど高いので，温度も北に行くほど高くなる．したがって，等圧面と等温位面の関係は正しくない．よって，図(e)は誤りである．

　したがって，本問の解答は，図(b)を誤りとすれば「(a)のみ」とする①である．気象業務支援センターは，図(b)が等圧面と等温位面の関係を正しく示しているか判断できない図になっていたため，全て正解として採点した．

(註) 上の解説では，気圧が下層ほど高いこと以外には静力学平衡が明示的に使われていないが，層厚が平均温度に比例することは，静力学平衡の式と気体の状態方程式から導かれる性質である．また，等圧面上で温位 θ が温度 T に比例することは，温位の定義式

$$\theta = T\left(\frac{p_0}{p}\right)^{R/C_p}$$

からわかる．ここで，p は気圧，p_0 は基準気圧（普通は1000hPa），R は気体定数，C_p は定圧比熱である．なお，温度風は，水平面上の温度傾度ではなく，等圧面上の温度傾度に比例することに注意すること．

問8解答　全て正解として採点

※ p.81 掲載の気象業務支援センター発表
　文書参照．

一般知識

問9　7月及び1月の成層圏内の高度30km〜50km付近について述べた次の文章の空欄(a)〜(e)に入る語句の組み合わせとして適切なものを、下記の①〜⑤の中から1つ選べ。

　　7月は、北極周辺が全球の中で最も気温が (a) 、北極を中心とする高層天気図で見ると、気圧の等高度線が北極を中心とする同心円状の (b) となっている。一方、1月は一般に北極周辺が全球の中で最も気温が (c) 、 (d) となっている。また、1月は7月と比べて、等高度線は同心円状ではなく南北に蛇行しており、しばしばアリューシャン列島付近に (e) が現れる。

	(a)	(b)	(c)	(d)	(e)
①	高く	高気圧	低く	低気圧	高気圧
②	高く	低気圧	低く	高気圧	高気圧
③	高く	高気圧	低く	低気圧	低気圧
④	低く	低気圧	高く	高気圧	低気圧
⑤	低く	高気圧	高く	低気圧	高気圧

一般知識　**問9　解説**

　本問は，成層圏の温度構造，循環の特徴についての設問である．

　成層圏ではそこに存在するオゾン層が太陽の紫外線を吸収することにより加熱が起こる．極域では夏季は1日中日射が当たる白夜となるため，日射量が他の緯度帯より大きくなる．一方冬季は1日中日射が当たらない極夜となり，日射の吸収がなくなる．実際にはこれに赤外線の放射，吸収，大気の運動の効果等が加わり，成層圏の温度構造が決まるが，30〜50kmの高さの成層圏ではこのオゾン層への加熱の影響を受け，他の緯度帯と比べ夏季は最も気温が高く，冬季は最も低くなる（参考図1．なお，この図は1月（北半球の冬季）の図だが，7月（北半球の夏季）の北半球側ではこの図の南半球側とほぼ同じとなる）．これに対応して，7月（北半球の夏季）には北極を中心とした高気圧性循環，1月（北半球の冬季）には低気圧性循環が形成され，これに対応し，中高緯度では夏季は東風，冬季は西風となる．さらに，対流圏で大規模山岳や大陸と海洋の熱的コントラスト等により励起される東西波長の長い超長波（プラネタリー波）は西風のときのみ鉛直に伝播できるため，西風である冬季には成層圏まで伝播することができる．このため，極を中心とした成層圏天気図を見ると，北極域の7月（夏季）はプラネタリー波の影響がなく等高度線は同心円状だが，1月（冬季）にはプラネタリー波の影響を受けるため南北に蛇行し，アリューシャン列島付近には高気圧が形成されることが多い（参考図2）．

以上のことを踏まえると空欄はそれぞれ，

（a）高く

（b）高気圧

（c）低く

（d）低気圧

（e）高気圧

となる．

したがって，本問の解答は，「(a) 高く，(b) 高気圧，(c) 低く，(d) 低気圧，(e) 高気圧」とする①である．

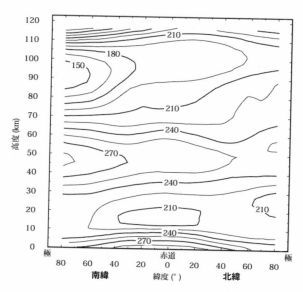

参考図1 1月の経度方向に平均した温度の緯度 - 高さ分布図の気候値温度の単位は K.（平成28年度第2回気象予報士試験，一般知識問1の図を改変）

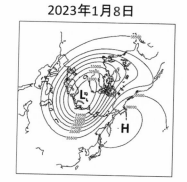

参考図2 5hPa（高さ約36km）の天気図（高度場）
左：2023年7月8日　　右：2023年1月8日（気象庁データより作成）

問9解答　①

一般知識

問10　風の弱い晴れた日の平坦な陸上で見られる大気境界層（接地境界層と対流混合層）の一般的な特徴について述べた次の文(a)〜(d)の正誤の組み合わせとして正しいものを、下記の①〜⑤の中から1つ選べ。

(a) 正午頃の接地境界層では、気温は乾燥断熱減率で高度とともに低下している。

(b) 接地逆転層は昼過ぎに現れ、日の入りの頃、厚さが最大となる。

(c) 正午頃の対流混合層では、水蒸気の混合比及び相対湿度は、高度によらずほぼ一様である。

(d) 正午頃の接地境界層では風速は高度とともに増加しているが、対流混合層ではほぼ一様である。

	(a)	(b)	(c)	(d)
①	正	正	誤	正
②	正	誤	正	正
③	誤	正	誤	誤
④	誤	誤	正	誤
⑤	誤	誤	誤	正

一般知識　**問10　解説**

　本問は，大気境界層（接地境界層と対流混合層）の一般的な特徴についての設問である．令和2年度第2回気象予報士試験の問9など，数年に1回程度同種の出題がされている．

　地面や海面の摩擦や熱の影響を直接的に受けている大気の層を大気境界層（境界層）といい，移行層をはさんで，その上の層を自由大気という．また，大気境界層のうち，地面に接している10〜数十mは接地層と呼ばれ，地表面と大気の間の熱や水蒸気や運動量のやりとりが行われている．接地層の上には1000m程度の厚みがある混合層があり，地表面の凹凸などのために絶えず乱されており，特に日中はサーマル（暖かい空気の塊）を含めた不規則な対流によってよくかき回されている（参考図1）．このため，大気下層の温度，温位，風速，混合比については特徴的な高度分布をしている（参考図2）．

文(a)：日の出から午後にかけての接地層では，地面温度が急激に上昇し，熱は盛んに上空に運ばれているが間に合わず，温位が高度とともに減る絶対不安定のままでいる．そして，接地層を通った熱が混合層内の対流を起こしている．よって，気温減率は乾燥断熱減率よりも大きくなるので，「正午頃の接地境界層では，気温は乾燥断熱減率で高度とともに低下している」とする文(a)は誤り．

文(b)：対流圏では，一般に高度が上がるほど気温は低くなるが，時と場所によっては，ある厚さの気層の中で上空ほど気温が高くなるという現象が発生する．この気層を逆転層といい，成層が安定であることを示し，この層を通しての対流現象は起きにくい．逆転層には，地表から発生した場合の接地逆転層，上空に発生した場合の上層逆転層があり，上層逆転層には沈降逆転層と移流逆転層がある（参考図3）．このうち，接地逆転層は，高気圧に覆われ，風の弱いときに，地表面が放射冷却によって冷えることでできる．このため，接地逆転層は夜間に現れ，明け方に厚さが最大となる．よって，「接地逆転層は昼過ぎに現れ，日の入りの頃，厚さが最大となる」とする文(b)は誤り．

文(c)：水蒸気は，地表面から大気に供給されるが，大気境界層内では大気がよく混合されているので，混合比はほぼ一定となっている．大気境界層は高度とともに気温が低くなるので，飽和水蒸気圧も低くなることから，混合比が一定でも相対湿度が増加する．このため移行層では雲が生じることがある．よって，「水蒸気の混合比及び相対湿度は高度によらずほぼ一様である」とする文(c)は誤り．

文(d)：接地境界層では地表面ほど摩擦が大きいことから，風速は高度とともに増加している．しかし，対流混合層では不規則な対流で乱され，混合されているので，風速がほぼ一定となっており，文(d)は正しい．

したがって，本問の解答は，「(a)誤，(b)誤，(c)誤，(d)正」とする⑤である．

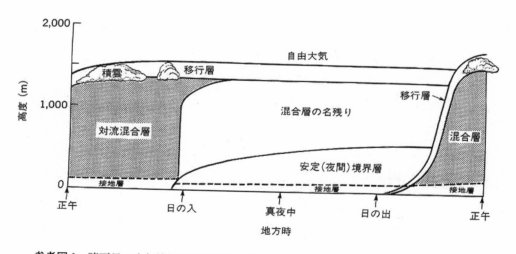

参考図1　晴天日の大気境界層の日変化の模式図
(Stull,1988:An Introduction to Boundary Layer Meteorology, Kluwer Academic Pub.)

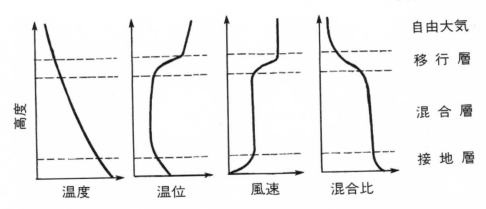

参考図2　地方時の正午ごろ，大気層内の温度，温位，風速，混合比の高度分布の模式図
（小倉義光『一般気象学　第2版補訂版』東京大学出版会，2016，p155）

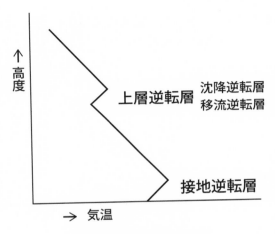

参考図3　逆転層の説明図

問10解答　⑤

一般知識

問11　温室効果や気候変動について述べた次の文(a)～(c)の正誤の組み合わせとして正しいものを、下記の①～⑤の中から1つ選べ。

(a) 世界の年平均地上気温は、1891年以降の統計で、長期的には100年あたり2℃以上の割合で上昇している。

(b) 温室効果は、大気中の温室効果気体が、地表面から射出される赤外放射を吸収し、これらの気体から再び射出される赤外放射を地表面が吸収して地表面及び地表面付近の大気が暖まることにより生じている。

(c) 大気中の二酸化炭素の世界平均の濃度は、2010年代後半には工業化以前のおよそ1.5倍に達しており、800ppmを超えている。

	(a)	(b)	(c)
①	正	正	正
②	正	誤	正
③	正	誤	誤
④	誤	正	誤
⑤	誤	誤	正

一般知識　**問11　解説**

　本問は，温室効果や気候変動についての設問である．これらについては気象庁HPの「知識・解説」に資料があるので，確認しておくとよい．また，数値などについても基本的なものは概数でもよいので覚えておくとよい．

　文(a)：参考図のとおり，世界の年平均気温は100年あたり0.74℃上昇している（1891年から2022年までで計算）．よって，文(a)は誤りである．

　文(b)：地球の大気には二酸化炭素などの温室効果気体と呼ばれる気体がわずかに含まれているが，これらの気体は赤外線を吸収し，再び放出する性質がある．太陽からの光で暖められた地球の表面から熱放射として放出された赤外線の多くが，温室効果気体を含んでいる大気に吸収され，再び放出された赤外線が地球の表面に吸収される．これらの過程により，地表面及び地表面付近の大気が暖められることを温室効果と呼ぶ．人間活動による二酸化炭素などの温室効果気体の増加に伴い，地表および地表付近の大気がより暖められることにより，地球温暖化が進んでいると考えられている．よって，文(b)は正しい．

文(c): 大気中の二酸化炭素の世界平均濃度は産業革命による工業化以前の 1750 年は約 280ppm（IPCC 第 6 次評価報告書によれば 278.3 ± 2.9 ppm）であったのが，2019 年には約 410ppm（同じく 409.9 ± 0.4 ppm）（気象庁 HP より）となっており，およそ 1.5 倍となっている．問題文中では「およそ 1.5 倍」は正しいが，2010 年代後半でも 800ppm は超えていない．よって，文(c)は誤り．

したがって，本問の解答は，「(a)誤，(b)正，(c)誤」とする④である．

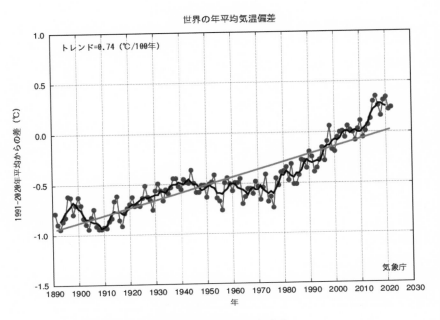

世界の年平均気温偏差

参考図　世界の年平均気温偏差の経年変化
　　　　細線：各年の平均気温の基準値からの偏差．
　　　　太線：偏差の 5 年移動平均値．
　　　　直線：長期変化傾向．
　　　　基準値は 1991〜2020 年の 30 年平均値，（気象庁 HP より）

問 11 解答　④

一般知識

問12　気象に関する予報業務の許可について、許可申請時に提出した事項に変更があった場合、変更後に気象庁長官に報告書を提出しなければならない事項(a)～(d)の正誤の組み合わせとして正しいものを、下記の①～⑤の中から1つ選べ。

　(a) 予報の対象区域

　(b) 予報業務を行う事業所の名称及び所在地

　(c) 気象庁の警報事項を受ける方法

　(d) 予報業務の許可を受けている者から利用者に予報事項を伝達するための施設

	(a)	(b)	(c)	(d)
①	正	誤	正	正
②	正	誤	正	誤
③	誤	正	正	誤
④	誤	正	誤	誤
⑤	誤	誤	誤	正

一般知識　**問12　解説**

　本問は，予報業務許可事業者が予報業務許可申請書の添付書類の記載事項に変更があったときに気象庁長官への報告が必要となる事項についての設問である．関係する気象業務法施行規則の規定は，次のとおり．

（予報業務の許可の申請）

第十条　（略）

2　前項の申請書には，次に掲げる書類（地震動，火山現象及び津波の予報の業務に係る申請にあつては，第二号に掲げる書類を除く．）を添付しなければならない．

一　事業所ごとの次に掲げる事項に関する予報業務計画書

　イ　予報業務を行おうとする事業所の名称及び所在地

　ロ　予報事項及び発表の時刻

　ハ　収集しようとする予報資料の内容及びその方法

　ニ　現象の予想の方法

　ホ　気象庁の警報事項を受ける方法

二　事業所ごとに置かれる気象予報士の氏名及び登録番号を記載した書類

三　事業所ごとに予報業務に従事する要員の配置の状況及び勤務の交替の概要を記載した書類

四　予報業務のための観測を行おうとする場合にあつては，次に掲げる事項を記載した書類（観測施設について法第六条第三項前段の規定により届出がなされている場合にあつては，その旨を記載した書類）

　イ－ハ　（略）

五　事業所ごとに次に掲げる施設の概要を記載した書類

　イ　予報資料の収集及び解析の施設

　ロ　気象庁の警報事項を受ける施設

六－九　（略）

3・4　（略）

（報告）

第五十条　法第七条第一項の船舶及び法第十七条第一項又は法第二十六条第一項の規定により許可を受けた者は，気象庁長官が定める場合を除き，次の各号に掲げる場合に該当することとなつたときは，その旨を記載した報告書を，気象庁長官に提出しなければならない．

　一－五　（略）

六　第十条第二項第一号から第五号まで又は第四十七条第二項第一号若しくは第二号に掲げる書類の記載事項に変更があつた場合

　七　（略）

2－5　（略）

　事項(a)：気象業務法施行規則第五十条第一項第六号が変更について気象庁長官に報告書を提出すべき事項として掲げる「第十条第二項第一号から第五号まで」の記載事項に「予報の対象区域」はない．よって，事項(a)は誤りである．

　事項(b)：第十条第二項第一号イに掲げられた「予報業務を行う事務所の名称及び所在地」の変更は，第五十条第一項第六号に該当するため，気象庁長官に報告書を提出すべき事項である．よって，事項(b)は正しい．

　事項(c)：「気象庁の警報事項を受ける方法」は，第十条第二項第一号ホに掲げられているため，その変更は，気象庁長官に報告書を提出すべき事項である．よって，事項(c)は正しい．

　事項(d)：「予報業務の許可を受けている者から利用者に予報事項を伝達するための施設」は，予報業務許可事業者の施設についての第十条第二項第五号に掲げられておらず，その変更について気象庁長官に報告書を提出する必要はない．よって，事項(d)は誤りである．

　したがって，本問の解答は，「(a)誤，(b)正，(c)正，(d)誤」とする③である．

問12解答　③

一般知識

問13 気象の予報業務の許可を受けた者（予報業務許可事業者）による事業所への気象予報士の配置などについて述べた次の文(a)～(c)の正誤の組み合わせとして正しいものを、下記の①～⑤の中から1つ選べ。

(a) 現象の24時間先から1週間先までの予報作業を毎日12時間行う予報業務許可事業者は、当該業務を行う事業所に4名以上の専任の気象予報士を配置しなければならない。

(b) 予報業務許可事業者は、当該予報業務を行った場合は、予報事項の内容と発表の時刻、及び予想を行った気象予報士の氏名を記録し、2年間保存しなければならない。

(c) 複数の気象予報士の配置が規定されている事業所において、規定数の気象予報士から1名が欠員となった場合には、4週間以内に、規定に適合させるため必要な措置をとらなければならない。

	(a)	(b)	(c)
①	正	正	誤
②	正	誤	正
③	誤	正	正
④	誤	正	誤
⑤	誤	誤	誤

一般知識　**問13　解説**

本問は，気象の予報業務許可事業者における気象予報士の設置等についての設問である．関係する気象業務法施行規則の規定は，次のとおり．

（気象予報士の設置の基準）

第十一条の二　法第十七条第一項の規定により許可を受けた者（地震動，火山現象又は津波の予報の業務のみの許可を受けた者を除く．）は，予報業務のうち現象の予想を行う事業所ごとに，次の表の上欄に掲げる一日当たりの現象の予想を行う時間に応じて，同表の下欄に掲げる人数以上の専任の気象予報士を置かなければならない．ただし，予報業務を適確に遂行する上で支障がないと気象庁長官が認める場合は，この限りでない．

一日当たりの現象の予想を行う時間	人員
八時間以下の時間	二人
八時間を超え十六時間以下の時間	三人
十六時間を超える時間	四人

2　法第十七条第一項の規定により許可を受けた者は，前項の規定に抵触するに至つた事業所（当該抵触後も気象予報士が一人以上置かれているものに限る．）があるときは，二週間以内に，同項の規定に適合させるため必要な措置をとらなければならない．

（予報事項等の記録）

第十二条の二　法第十七条第一項の規定により許可を受けた者は，予報業務を行つた場合は，事業所ごとに次に掲げる事項を記録し，かつ，その記録を二年間保存しなければならない．

一　予報事項の内容及び発表の時刻

二　予報事項（地震動，火山現象及び津波の予報事項を除く．）に係る現象の予想を行つた気象予報士の氏名

三　（略）

　　文(a)：気象業務法施行規則第十一条の二第一項の表のとおり，4人以上の専任の気象予報士を設置しなければならないのは，1日あたり16時間を超えて現象の予想を行う事務所である．よって，文(a)は誤りである．

　　文(b)：第十二条の二第一号及び第二号のとおり，予報事項の内容及び発表の時刻並びに現象の予想を行った気象予報士の氏名の記録は，2年間保存しなければならない．よって，文(b)は正しい．

　　文(c)：第十一条の二第二項のとおり，気象予報士の設置数が不足したときは，2週間以内に是正措置をとらなければならない．よって，文(c)は誤りである．

　　したがって，本問の解答は，「(a)誤，(b)正，(c)誤」とする④である．

問13解答　④

問14　気象業務法における用語の定義に関する次の文(a)～(c)の正誤の組み合わせとして正しいものを、下記の①～⑤の中から1つ選べ。

(a)　「気象」とは、大気（電離層を除く。）の諸現象をいう。

(b)　「観測」とは、自然科学的方法による現象の観察及び測定をいう。

(c)　「予報」とは、観測の成果に基く現象の予想をいう。

	(a)	(b)	(c)
①	正	正	正
②	正	正	誤
③	正	誤	正
④	誤	正	正
⑤	誤	誤	誤

一般知識　**問14　解説**

本問は，気象業務法第2条に定められている用語の定義についての設問である．

文(a)：気象業務法第2条第1項に，「この法律において『気象』とは，大気（電離層を除く．）の諸現象をいう」とある．よって，文(a)は正しい．

文(b)：気象業務法第2条第5項に，「この法律において『観測』とは，自然科学的な方法による現象の観察及び測定をいう」とある．よって，文(b)は正しい．

文(c)：気象業務法第2条第6項に，「この法律において『予報』とは，観測の結果に基く現象の予想の発表をいう」とある．「予報」が成立するためには，現象を予想するだけでなく，その結果が予想を行った者の自己責任の範囲を超えて発表される必要がある．よって，文(c)は誤りである．

したがって，本問の解答は，「(a)正，(b)正，(c)誤」とする②である．

問14解答　②

一般知識

問15　気象業務法に定められた警報及び特別警報について述べた次の文(a)～(d)の正誤の組み合わせとして正しいものを、下記の①～⑤の中から1つ選べ。

(a) 特別警報は、予想される現象が特に異常であるため重大な災害の起こるおそれが著しく大きい場合に発表される。

(b) 気象庁から特別警報に係る警報事項の通知を受けた都道府県の機関は、直ちにその通知された事項を関係市町村長に通知するように努めなければならない。

(c) 気象庁は、気象、津波、高潮及び洪水についての水防活動の利用に適合する警報をすることができる。

(d) 気象庁以外の者が、高潮、波浪又は洪水の警報を行おうとする場合は、気象庁長官の許可を受けなければならない。

	(a)	(b)	(c)	(d)
①	正	正	正	正
②	正	誤	正	誤
③	正	誤	誤	誤
④	誤	正	誤	誤
⑤	誤	誤	正	正

一般知識　**問15　解説**

　本問は，警報及び特別警報の実施，法定伝達機関におけるその取扱い及び警報の制限についての設問である．

　文(a)：気象業務法第13条の2第1項は，気象庁が特別警報を発表すべき場合として，「予想される現象が特に異常であるため重大な災害の起こるおそれが著しく大きい場合」を定めている．よって，文(a)は正しい．

　文(b)：気象業務法第15条の2第2項は，特別警報に係る警報事項の通知を受けた都道府県の機関について，「直ちにその通知された事項を関係市町村長に通知しなければならない」と通知を義務付けている．これは「通知するように努めなければならない」と表記される努力義務よりも強い規定である．よって，文(b)は誤りである．

　文(c)：気象業務法第14条の2第1項は，「気象庁は，政令の定めるところにより，気象，津波，高潮及び洪水についての水防活動の利用に適合する予報及び警報をしなければならない」と，水防活動用の予報の実施を気象庁に義務付けている．これは，「することができる」という任意に実施される業務ではない．よって，文(c)は誤りである．

　文(d)：気象業務法第23条が，「気象庁以外の者は，気象，地震動，火山現象，津波，高潮，波浪及び洪水の警報をしてはならない」と，警報の気象庁による一元性を定めているため，警報は，許可制度の対象となっていない．よって，文(d)は誤りである．

　したがって，本問の解答は，「(a)正，(b)誤，(c)誤，(d)誤」とする③である．

問15解答　③

2023 年 10 月 6 日
気象業務支援センター

令和5年度第1回（通算第60回）気象予報士試験
学科試験（一般知識）問3及び問8について

2023 年 8 月 27 日に実施した第60回気象予報士試験において、学科試験（一般知識）の問3の問題は設定が適切ではありませんでした。また、問8の図(b)に正解を判断できない表現がありました。このため、この2問については下記のとおり採点処理いたします。

記

一般知識の問3は、気柱の一部の空気を違う温度にしたとき、地上気圧の最も低いものを選択する問題でした。
この問題については、高さの低い（密度の高い）層の気温が1℃高い気柱Bを正解として9月6日に公表していました。しかし、気柱の一部に温度の違いを与えると、その高度の下では気圧が変化し、同時に密度もその高度と地上までの間で変化するため、地上気圧の違いは温度の違う高さから地上までの範囲の密度の変化を考慮する必要があります。このため、正解を得るためには高度な数学的計算が必要となり、限られた時間内に正解を得ることは難しい問題となっていました。実際に、この効果を考慮して計算すると、公表した解答例とは異なり、気柱Cの方が気柱Bよりも地上気圧が低くなります。

一般知識の問8は、大気の南北断面において、等圧面、等温位面と地衡風及び温度風の関係が正しく示された図を選択する問題でした。
この問題のうち図(e)について、9月6日に公表した解答例では正しく示された図としていましたが、等圧面における温位と等圧面間の層厚の関係から誤った図とすべきでした。また、図(b)について、等温位面との関係から、上の等圧面は南側ほど温位が高く、下の等圧面では北側ほど温位が高くなっており、2つの等圧面の間の平均温度が南北どちらが高いか（層厚はどちらが厚いか）判断することができず、関係が正しく示されているか判断ができない図になっていました。

従いまして、一般知識の問3及び問8については、全ての解答を正解として採点処理することとします。

受験者の皆様にはご迷惑をおかけしましたことを、深くお詫び申し上げます。

学 科 試 験

予報業務に関する専門知識

専門知識

問1　異なる3つの観測点A、B、Cで観測した湿度等の測定結果について述べた文(a)〜(c)の正誤の組み合わせとして正しいものを、下記の①〜⑤の中から1つ選べ。ただし、測定時の気圧はすべて1013.25hPaとし、飽和水蒸気圧は表1を用い、アスマン通風乾湿計による湿度は表2を用いて求めよ。

地点A：　電気式湿度計の測定結果が70%、気温が20℃。

地点B：　露点計の測定結果が15℃、気温が25℃。

地点C：　アスマン通風乾湿計の湿球温度が15℃、乾球温度が20℃。

(a)　大気に含まれる単位体積あたりの水蒸気量が最も少ないのは、地点Cである。

(b)　大気に含まれる単位体積あたりの水蒸気量が最も多いのは、地点Aである。

(c)　大気の相対湿度が最も低いのは、地点Bである。

表1　飽和水蒸気圧表

気温(℃)	0	5	10	15	20	25	30	35	40
飽和水蒸気圧(hPa)	6.1	8.7	12.3	17.1	23.4	31.7	42.5	56.3	73.9

表2　通風乾湿計用湿度表（湿球が氷結していない、気圧1013.25hPaのとき）

		乾球温度(t)と湿球温度(tw)の温度差(t-tw)(℃)					
		1	2	3	4	5	6
乾球温度 t (℃)	15	90%	80%	70%	61%	52%	44%
	20	91%	83%	74%	66%	59%	51%
	25	92%	84%	77%	70%	63%	57%

	(a)	(b)	(c)
①	正	正	正
②	正	誤	正
③	正	誤	誤
④	誤	正	正
⑤	誤	正	誤

専門知識　**問1　解説**

　本問は，3地点における湿度等の測定結果から水蒸気量や相対湿度を求め，その大きさを比べる設問である．

　大気中の水蒸気量や湿度を表す量には種々あるが，本問に関する主な量は，以下の通りである．

・水蒸気量と水蒸気圧

　水蒸気も理想気体の状態方程式に従うことから，水蒸気（分）圧を e，単位体積の空気に含まれる水蒸気量（水蒸気密度）を ρ，水蒸気に対する気体定数を R，気温を T とすると，$e = \rho \cdot R \cdot T$ が成り立っており，単位体積あたりの水蒸気量と水蒸気圧は比例しているので，ここでは水蒸気量のかわりに水蒸気圧を求めることとする．

・露点温度

　水蒸気を含む空気がその水蒸気圧を保ったまま，温度が下がり，その水蒸気圧を飽和水蒸気圧とする温度に達した（飽和状態）ときの温度．

・相対湿度

　空気の水蒸気圧とそのときの気温における飽和水蒸気圧との比を百分率で表したもの．

　地点 A：電気式湿度計（註1）の測定結果 70％ は，この地点の相対湿度 U_A である．また，気温 20℃の飽和水蒸気圧は本問の表1（飽和水蒸気圧表）から 23.4（hPa）．よって，この地点の水蒸気圧 e_A は，$23.4 \times 0.7 = 16.4$（hPa）となる．

　地点 B：露点計（註2）の測定結果 15℃ は，この地点の露点温度である．この地点の水蒸気圧 e_B は，露点温度での飽和水蒸気圧に等しいので，表1から 17.1（hPa）であることがわかる．また，気温 25℃の飽和水蒸気圧は，表1から 31.7（hPa）なので，この地点の相対湿度 U_B は，$(17.1 \div 31.7) \times 100 = 54\%$ となる．

　地点 C：アスマン通風乾湿計（註3）の湿球温度が 15℃，乾球温度が 20℃なので，乾球温度と湿球温度の温度差は 5℃である．本問の表2（通風乾湿計用湿度表）の乾球温度 20℃の行と温度差 5℃の列から，この地点の相対湿度 U_C は，59％ と求められる．一方気温（乾球温度）20℃の飽和水蒸気圧は，表1から 23.4（hPa）であるので，この地点の水蒸気圧 e_C は，$23.4 \times 0.59 = 13.8$（hPa）となる．

　3地点の相対湿度，水蒸気圧を整理すると，

地点	相対湿度　％	水蒸気圧　hPa
A	70	16.4
B	54	17.1
C	59	13.8

となる．よって，

　文(a)：水蒸気量が最も少ない（水蒸気圧が最も低い）のは地点 C なので，文(a)は正しい．

　文(b)：水蒸気量が最も多いのは（水蒸気圧が最も高い）のは地点 B なので，文(b)は誤りである．

　文(c)：相対湿度が最も低いのは地点 B なので，文(c)は正しい．

　したがって，本問の解答は，「(a)正，(b)誤，(c)正」とする②である．

以下の註は，「気象観測の手引き」（気象庁，平成10年）による．

（註1）電気式湿度計

　　高分子化合物または多孔質のセラミックはそれぞれ気孔を持っており，周囲の水蒸気量によって水分子を吸脱着する．電気式湿度計は水分子の吸脱着による誘電率または抵抗の変化を静電容量または抵抗の変化として検出し，相対湿度に置き換えて測定する方式の湿度計である．このため，電気的な特性から「電気抵抗湿度計」，「静電容量湿度計」と，また感湿素材から「高分子湿度センサ」，「セラミック湿度センサ」と呼ばれたりする．

（註2）露点式湿度計

　　塩類や硫酸の飽和水溶液の水蒸気圧と周囲の空気の蒸気圧とが等しくなる温度と空気の露点温度との間に一定の関係があることを利用して露点温度を直接測定する測器である．一般には，溶液として塩化リチウムが用いられ，塩化リチウム露点計と呼ばれている．

（註3）乾湿計（乾湿球温度計）

　　2本の同じ規格のガラス製温度計を隣り合わせて取り付け，一方の温度計は通常の気温観測のとおりそのまま（乾球）とし，もう一方の温度計はその球部をガーゼで覆い湿らせ（湿球），両方の温度計の温度を測定して，これから湿度を求める方式の湿度計である．湿球の表面では水分が蒸発して気化熱が奪われ，湿球温度が下がる．空気が乾燥しているほど蒸発の程度が激しく湿球温度の降下が大きく，逆に湿っているとき降下は小さい．乾球と湿球の温度差から経験式を用いて蒸気圧を算出し（湿球の氷結の有無により異なる），これから湿度，露点温度を求める．蒸発の程度は気圧にも影響されるので，高精度に湿度などを求める場合は気圧の観測が必要である．

　　なお，正確な測定には，湿球表面の水を含んだガーゼが周囲の空気によって一定の温度に冷やされ平衡状態にあることが必要である．安定的にこの状態を作るため，ドイツのリチャード・アスマンが湿球にファンで強制的に風を当てる工夫を施した通風乾湿計を考案した（石原・津田，「最先端の気象観測」，東京堂出版，2012）．

| 問1解答 | ② |

専門知識

問2　図は2月のある日に、福井県にある気象庁の気象レーダー(福井レーダー)で観測した
レーダーエコーである。この図について述べた次の文章の下線部(a)〜(d)の正誤の組み
合わせとして正しいものを、下記の①〜⑤の中から1つ選べ。

上空では雪片だった降水粒子が、落下して周囲の気温が0℃となる高度を通過すると、
融けて雨滴になる。雪片が融けて雨滴になる途中の状態は、(a) 雨滴よりも粒が大きく、
固体(雪)の表面が液体で覆われている状態で、いわゆる「みぞれ」である。降水粒子は、
粒が小さいものより大きいものの方が、また、(b) 液体の状態であるよりは固体である
方が、気象レーダーの電波をよく反射する、という性質がある。図は、雪片が融解し
て雨滴に変わる「融解層」によって、局所的に環状の強いエコーが観測されたもので、
(c) 「エンゼルエコー」と呼ばれている。気象レーダーの観測はアンテナを一定の仰角
で回転させて行われており、図のような環状のエコーが観測されたということは、
(d) 融解層がほぼ一定の高度で水平方向に広がっていたことを示している。

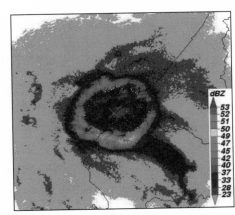

図　福井レーダーによる仰角4.0度のレーダーエコー
　　×は福井レーダーの位置。

	(a)	(b)	(c)	(d)
①	正	正	誤	正
②	正	誤	正	正
③	正	誤	誤	正
④	誤	正	正	誤
⑤	誤	誤	誤	正

※この図は，カラーで出題されています．巻末を参照して下さい．

専門知識　**問2　解説**

　本問は，福井県にある気象庁の気象レーダーで観測したレーダーエコーについて述べた文の下線部
の正誤を問う設問である．
　下線部(a)：落下してくる雪片（雪の粒子）は，気温が0℃となる高度を通過すると融けて雨滴に
なる．雪片が融けて雨滴になる途中の状態はいわゆる「みぞれ」であるが，雪片同士が付着して大き
な雪片になりやすく，さらに雪片の表面が水膜で覆われている．よって，雪片が融けて雨滴になる途
中の状態を「雨滴よりも粒が大きく，固体（雪）の表面が液体で覆われている」とする下線部(a)は
正しい．

　下線部(b)：気象レーダーは，アンテナから電波を発射して，雨や雪など降水粒子から反射（後方散乱）され戻ってきた電波を同じアンテナで受信する．発射した電波が戻ってくるまでの時間から降水粒子までの距離を測定するとともに，戻ってきた電波の強度を利用して降水強度を観測している．降水粒子からの電波の反射強度は，粒子が小さいものより大きい方（粒子の直径の6乗に比例）が，また，固体（雪やあられ）の状態であるよりは液体（雨）である方が強いという性質がある（註1）．よって，「液体の状態であるよりは固体である方が」，気象レーダーの電波をよく反射するという下線部(b)は誤りである．

　下線部(c)：上記のとおり，みぞれは，上空の雪片よりも，また下層の雨滴よりもレーダー電波の反射強度（エコー）は強くなる．気温が0℃付近で雪片が融解して雨滴に変わる（みぞれが存在している）領域は「融解層」と呼ばれ，その上・下層より強いエコーが観測される．このエコーをブライトバンドという．よって，「エンゼルエコー」（註2）とする下線部(c)は誤りである．

　下線部(d)：問題の図は，福井レーダーによる仰角4.0度のレーダーエコーを示している．図の中心付近（×印）がレーダーサイトの位置であるが，エコーの観測高度はレーダーサイトから離れるに従って段々高くなっている点に注意してほしい．このため，融解層がほぼ一定の高度で水平方向に広がっていた場合，気象レーダーのアンテナをある一定の仰角で水平に回転させて観測すると，レーダーサイトを中心とする環状の強いエコー（ブライトバンド）が出現することが容易に想像できる．よって，下線部(d)は正しい．

　なお，ブライトバンドは，0℃層を示唆する情報で重要である一方，降水強度を過大に評価する原因にもなる．

　したがって，本問の解答は，「(a)正，(b)誤，(c)誤，(d)正」とする③である．

（註1）降水粒子によるレーダー電波の後方散乱

　　　　直径 D の単一の球（降水粒子を想定）でレーダー電波がレイリー散乱されるとき，この球の後方散乱断面積 σ は，$\sigma = \pi^5 \cdot |K|^2 \cdot D^6 / \lambda^4$ で与えられる．ここで，λ は波長，$|K|^2$ は，誘電係数で電波の波長，気温，降水粒子の組成を変数とする関数である．m を複素屈折率（実数部は屈折，虚数部は吸収の効果を示す）とすると，$K = (m^2 - 1) / (m^2 + 2)$ と表される．波長3〜10cm，気温0〜20℃のもとでは，雨（水）滴では，$|K|^2 = 0.930$，氷球では温度に関係なく $|K|^2 = 0.197$ とすることが多い（Battan, 1973；小平・立平, 1972）．これから，大きさが同じなら水滴は氷球の5倍ほど電波を散乱させやすいといえる．

　　　　（石原正仁編『ドップラー気象レーダー』，気象研究ノート，第200号，日本気象学会，2001）

（註2）エンゼルエコーは，広義の意味では大気中の非降水エコー全般を指すこともあるが，狭義の意味として，大気の屈折率のゆらぎ及び昆虫や鳥などの空中を浮遊する生物に起因すると考えられている非降水エコーを指す（梶原佑介・大野洋，測候時報，第82巻，2015）．

問2解答　③

専門知識

専門知識　**問3　解説**

　本問は，気象庁が行っているラジオゾンデを用いた高層気象観測についての設問である．

　ラジオゾンデは，上空の気温，湿度などの気象要素を直接測定するセンサーと，測定した情報を無線送信する無線送信機を備えた気象観測機器である．これを水素ガスなどで充てんされたゴム気球に吊下げて飛揚し，地上から高度約30kmまで観測する．高層気象観測は，毎日決まった時刻，即ち協定世界時（UTC）の0時と12時（日本標準時の9時と21時）に行われている．

　文(a)：気象庁が使用しているラジオゾンデ（参考図）は，高度の計算や風向・風速の測定にGPS信号から得られた情報を用いるタイプのものでGPSゾンデと呼ばれている．このGPSゾンデには，気圧計は搭載されておらず，気圧は，ゾンデが受信するGPS信号の測位データから導かれる観測高度と，ゾンデ本体のセンサーで観測した気温と湿度を用いて求めている．よって，文(a)は正しい．

　文(b)：前述のように，GPSゾンデによる観測では，GPS信号から得られた情報を用いて，上空の風向・風速を求めている．よって，文(b)は正しい．

文(c)：昼間の観測では，日射の影響により温度計センサーが大気の温度より高い値を示すことがある．この日射による誤差は太陽高度角が大きいほど，またゾンデが高高度にあるほど大きくなる．このため，温度計センサーの値に日射の影響を補正して気温の値としている．よって，文(c)は正しい．

文(d)：気象庁HPに公開されている高層気象観測の気温・湿度の観測データや風（風向・風速）の観測データを見ると，「特異点」と示された上空の観測点データがある．これらの観測点は，気温や湿度，風の鉛直分布の特徴を再現できるように選択されたもので，それぞれ気温湿度特異点，風特異点と呼ばれている（註）．よって，文(d)は正しい．

したがって，本問の解答は，「すべて正しい」とする⑤である．

（註）気温湿度特異点および風特異点は，国際的な取り決めによって次のように選択されている．（気象庁HPより）
　　　気温湿度特異点：気温及び湿度の顕著な変化点，観測開始点，観測終了点及び湿度の最終点，20hPa以上の厚さを持つ逆転層及び等温層の上下端，欠測層の上下端，圏界面．
　　　風特異点：風向及び風速の顕著な変化点，観測開始点及び終了点，欠測層の上下端，風速が最大の点及び極大風速面．

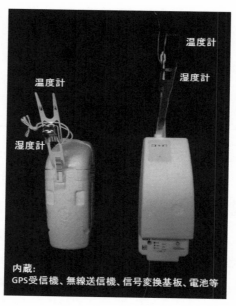

参考図　気象庁で使用しているラジオゾンデ（左からiMS-100，RS41-SG）の外観（気象庁HP）

問3解答　⑤

専門知識

問4　気象庁の数値予報モデルで計算される次の量 A〜D のうち、パラメタリゼーションにより計算される量の組み合わせとして正しいものを、下記の①〜⑤の中から1つ選べ。

A　雲による長波放射にともなう加熱量・冷却量
B　コリオリ力による風の変化量
C　大気境界層の乱流による顕熱・潜熱の輸送量
D　格子スケールの上昇流による気温の断熱的な変化量

① A、C
② B、D
③ A、B、C
④ A、C、D
⑤ B、C、D

専門知識　**問4　解説**

　本問は，気象庁の数値予報モデルで使われているパラメタリゼーションに関する設問である．

　数値予報モデルでは格子間隔より小さい水平スケールの現象は表現できない．例えば，一つ一つの雲は多くの場合，気象庁の数値予報モデルの格子間隔より小さいので，数値予報モデルで直接表現することは困難である（参考図）．しかし，雲の中では水蒸気が凝結して潜熱が放出されるので，数値予報モデルが表現できる現象の熱源として作用する．また，雲は太陽放射を反射し地球放射を吸収するので，大気の放射収支にも影響する．したがって，数値予報モデルで直接表現できないからといって，その影響を無視することはできず，小さいスケールの現象が格子点の物理量に及ぼす影響を，格子点の値を用いて近似的に表現する必要がある．その計算方法をパラメタリゼーションという．

　したがって，数値予報モデルで計算される量がパラメタリゼーションによって計算されるかどうかは，それに関わる現象が数値予報モデルの格子間隔で直接表現できるかどうか，という点から判断できる．

　量A：雲による長波放射は，大気や地表面に吸収されてそれらを加熱し，それにともなって雲は熱を失うので冷却される．個々の雲の水平スケールは，気象庁の数値予報モデルの格子間隔より小さいことが多いので，雲からの長波放射やそれにともなう加熱量・冷却量を数値予報モデルで直接表現することは困難である．よって，雲による長波放射にともなう大気の加熱量・冷却量は，パラメタリゼーションによって計算される．

　量B：数値予報モデルの格子間隔で表現される風に働くコリオリ力は，その格子間隔で表現される風から計算できる．よって，コリオリ力による風の変化量は，パラメタリゼーションによらずに計算される．

　量Ｃ：大気境界層では，地表面の摩擦や熱の影響を受けて乱流が卓越しており，乱流によって顕熱や潜熱が輸送されている．乱流の渦の水平スケールは数 cm から数百 m なので，気象庁の数値予報モデルではそれらの渦を直接表現することはできない．よって，大気境界層の乱流による顕熱・潜熱の輸送量は，パラメタリゼーションによって計算される．

　量Ｄ：数値予報モデルの格子間隔で表現される気温が，上昇流によって断熱的に変化する過程は，その格子間隔で表現される上昇流から計算できる．よって，格子スケールの上昇流による気温の断熱的な変化量は，パラメタリゼーションによらずに計算される．

　したがって，本問の解答は，「Ａ，Ｃ」とする①である．

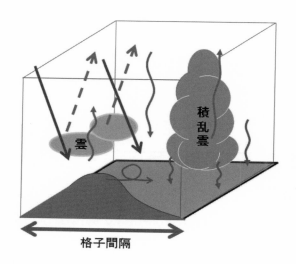

参考図　数値予報モデルの格子間隔より小さい現象の模式図
　　　　積乱雲の上昇流と周囲の下降流，雲による太陽放射の
　　　　反射などが描かれている．（気象庁情報基盤部「令和４年度
　　　　数値予報解説資料集」より）

問４解答　①

専門知識

問5　気象庁で行っている数値予報について述べた次の文(a)〜(c)の下線部の正誤の組み合わせとして正しいものを、下記の①〜⑤の中から1つ選べ。

(a) 数値予報モデルでは、連続的に変化する現実の大気の物理量を限られた数の格子点の値で代表しており、数値予報モデルで精度よく表現しうる現象は、水平スケールが格子間隔と同程度以上の現象である。

(b) 積乱雲のような水平スケールが概ね10km以下の現象を予測するため、メソモデルや局地モデルでは非静力学方程式系を採用しており、これらのモデルでは、鉛直流を質量保存則の式から診断的に計算している。

(c) 数値予報モデルでは、格子点の物理量で表現した大気の状態を、一定の時間間隔（時間ステップ）で計算を繰り返して将来の大気の状態を予測する。時間ステップを大きくすると計算時間を短縮できるが、ある上限をこえると計算が不安定になり、物理的に意味をなさない値が出力されたり、計算が続けられなくなったりする。

	(a)	(b)	(c)
①	正	正	誤
②	正	誤	正
③	誤	正	正
④	誤	正	誤
⑤	誤	誤	正

専門知識　**問5　解説**

　本問は，気象庁が行っている数値予報に関する設問である．

　文(a)：数値予報モデルでは，連続的に変化する現実の大気の物理量を限られた数の格子点の値で代表しているので，波長が格子間隔以下の現象は表現できない．波長が格子間隔の2倍の現象でも，振幅がかなり過小評価されるだけでなく，現象の位置によってはまったく表現されない場合がある（参考図）．一方，波長が格子間隔の5倍あると，現象の位置によらずに比較的よく表現される．経験的には，数値予報モデルが精度よく表現できる現象の水平スケールは，数値予報モデルの格子間隔の5〜8倍以上とされている．よって，下線部は誤りである．

　文(b)：積乱雲や積乱雲群のような，鉛直スケールに比べて水平スケールが十分大きいとはいえない現象を予測するために，メソモデルや局地モデルでは非静力学方程式系が採用されている．この方程式系には鉛直流の予報方程式があるので，その方程式を時間積分して鉛直流を計算している．よって，下線部は誤りである．なお，全球モデルで採用されているプリミティブ方程式系では，鉛直流の

予報方程式が静力学平衡の式で置き換わっており，鉛直流の計算にこの式は使えない．しかし，静力学近似の結果として質量保存則の式に時間変化の項が含まれないので，その式を用いて水平風の予測値から診断的に鉛直流を計算している．

　文(c)：数値予報モデルの時間ステップは，対象とする現象の予測精度に影響しない範囲内で大きくすることができ，それによって計算時間を短縮できる．しかし，時間ステップがある上限値を超えると計算が不安定になり，物理的に意味をなさない値が出力されたり，計算が続けられなくなったりする．この理由は次のように説明できる．大気中では，異なる領域の間で風や波動によって情報がやり取りされている．数値予報モデルの1つの時間ステップの間では，隣り合う格子点の間でしか情報のやり取りができないので，格子間隔をΔx，時間ステップをΔtとすると，数値予報モデルにおける情報の最大伝播速度は$\Delta x / \Delta t$となる．この値が実際の情報の伝播速度の最大値c_{max}より小さいと，正しい計算ができなくなり，それが計算不安定をもたらす．$\Delta x / \Delta t = c_{max}$を$\Delta t$について解くことにより，時間ステップの上限値は$\Delta x / c_{max}$で与えられる．よって，下線部は正しい．

　したがって，本問の解答は，「(a)誤，(b)誤，(c)正」とする⑤である．

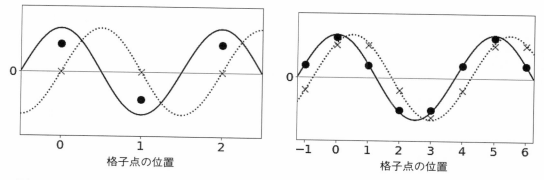

参考図　数値予報モデルの格子間隔と現象の表現の関係
　　　現象の波長が格子間隔の2倍（左）と5倍（右）の場合について，最大値の位置が格子点の位置と一致した場合を実線，半格子間隔だけ右にずれた場合を破線で示す．●と×は，それぞれの場合について数値予報モデルによって表現される値である．数値予報モデルの格子点の値は格子スケールで平均された量なので，元の値より振幅が小さくなることに注意．

（註）数値予報モデルの水平格子間隔を半分にすると，格子点数が4倍になる．それだけでなく，計算不安定を起こさないためには時間ステップも半分にする必要があるので，必要な計算量は8倍になる．このため，数値予報モデルを動かすスーパーコンピュータの計算能力が10倍になっても，水平格子間隔は半分程度にしかできない．

問5解答　⑤

専門知識

問6　気象庁が作成している解析雨量と降水短時間予報について述べた次の文(a)〜(c)の正誤の組み合わせとして正しいものを、下記の①〜⑤の中から1つ選べ。

(a) 解析雨量は、気象レーダーと雨量計の観測データを組み合わせて作成しているので、解析される降水量は一般に、陸上よりも海上で誤差が大きい。

(b) 1〜6時間先の降水短時間予報では、降水域の移動の予測には数値予報モデルで予測された風のみを用いている。

(c) 7〜15時間先の降水短時間予報は、メソモデルの降水予測の結果だけでなく、局地モデルや全球モデルの降水予測の結果も組み合わせて作成している。

	(a)	(b)	(c)
①	正	正	正
②	正	誤	正
③	正	誤	誤
④	誤	正	誤
⑤	誤	誤	正

専門知識　**問6　解説**

　本問は，気象庁が作成している解析雨量と降水短時間予報に関する設問である.

　解析雨量は，気象庁と国土交通省が保有する気象レーダーの観測データに加え，気象庁・国土交通省・地方自治体が保有する全国の雨量計のデータを組み合わせて，前1時間の降水量分布を1km四方の細かさで解析したものである. 30分ごとに作成されるが，速報版の解析雨量は10分ごとに作成される. 解析雨量を利用すると，雨量計の観測網にかからないような局所的な強雨も把握できるので，的確な防災対応に役立つ.

　降水短時間予報は，6時間先までは10分間隔で発表され，各1時間降水量を1km四方の細かさで予報する. 7時間先から15時間先までは1時間間隔で発表され，各1時間降水量を5km四方の細かさで予報する. 6時間先までは，解析雨量から得られる降水域の移動速度を使って直前の降水分布を移動させて，降水量分布を作成する. その際，地形の効果や直前の降水の変化をもとに降水域の発達や衰弱を考慮し，予報時間の後半には数値予報による降水予測の結果も加味している. 7時間先から15時間先までは，メソモデル（格子間隔5km）と局地モデル（格子間隔2km）の予測結果を統計的に処理した結果を組み合わせて，降水量分布を作成する. その際には，それぞれの数値予報モデルの予測精度が考慮される.

　文(a)：解析雨量は，気象レーダーと雨量計の観測データを組み合わせて作成されている. 海上には雨量計がないので，解析される降水量は一般に，陸上よりも海上で誤差が大きい. よって，文(a)は正しい.

　文(b)：1時間先から6時間先までの降水短時間予報では，降水域の移動の予測には解析雨量から得られる降水域の移動速度を用いており，予報時間の後半には数値予報モデルの予測結果を加味する. よって，「数値モデルで予測された風のみを用いている」とする文(b)は誤りである.

　文(c)：7時間先から15時間先までの降水短時間予報では，メソモデルと局地モデルの予測結果を利用しており，全球モデルの降水予測の結果は使われていない. 全球モデルの格子間隔は20kmなので，5km格子の降水短時間予報には適さない. よって，「全球モデルの降水予測の結果も組み合わせて作成している」とする文(c)は誤りである.

　したがって，本問の解答は，「(a)正，(b)誤，(c)誤」とする③である.

（註）気象庁が作成している降水量の予報には，ほかに高解像度降水ナウキャストがある. 30分先までは250mの解像度で，35分先から60分先までは1kmの解像度で降水分布を予測している. これは，気象庁の気象ドップラーレーダーの観測データに加え，気象庁・国土交通省・地方自治体が保有する全国の雨量計のデータ，ウィンドプロファイラやラジオゾンデの高層観測データ，国土交通省レーダー雨量計のデータも活用し，上空の降水域の内部を立体的に解析して作成される.

問6解答　③

専門知識

問 7　気象庁の天気予報ガイダンスについて述べた次の文(a)〜(c)の下線部の正誤の組み合わせとして正しいものを、下記の①〜⑤の中から1つ選べ。

(a) 数値予報モデルでは、予報時間が長くなるにつれて予測値の系統誤差の傾向が変化することがある。ガイダンスでは予報時間によって変化する系統誤差を低減することは難しい。

(b) カルマンフィルタを用いたガイダンスでは、実況の観測データを用いて予測式の係数を逐次更新しており、局地的な大雨など発生頻度の低い現象に対しても、数値予報の予測誤差を確実に低減することができる。

(c) ニューラルネットワークを用いたガイダンスは、目的変数と説明変数の関係が線形でない場合にも適用でき、なぜそのような予測になったのか、予測の根拠を把握するのに適している。

	(a)	(b)	(c)
①	正	正	正
②	正	誤	誤
③	誤	正	誤
④	誤	誤	正
⑤	誤	誤	誤

専門知識　**問7　解説**

　本問は，天気予報ガイダンスに関する基本的な設問であり，頻繁に出題されている内容である．

　文(a)：数値予報モデルの系統誤差とは，気温が常に実況より低く予測されるなど，ある一定の偏り（バイアス）のある予報誤差のことである．天気予報ガイダンスによる統計処理を行うことで，この系統誤差を低減することが可能である．予報時間によって系統誤差が変化する場合，対象となる予報時間をいくつかに層別化して，別々のガイダンスとして計算することで，それぞれの系統誤差を低減することが可能である．よって，下線部(a)は誤りである．

　文(b)：カルマンフィルタは予測式の係数を逐次更新する，いわゆる逐次学習の手法であり，気温や降水確率，平均降水量などのガイダンスに広く使われている．一方，局地的な大雨や発雷など発生頻度の少ない現象に対しては，精度確保に必要な事例数を得るため，一定期間データを蓄積して統計処理する，いわゆる一括学習の手法をとる必要がある．よって，逐次学習で数値予報の予測誤差を確実に低減できるとする下線部(b)は誤りである．

　文(c)：ニューラルネットワークは，人間の神経細胞（ニューロン）の機能の一部をモデル化した手法である．入力（説明変数）と出力（目的変数）の関係が非線形の場合にも適用できるが，計算プロセスがブラックボックスであり，なぜそのような予測になったかを解釈することが困難である．よって，下線部(c)は誤りである．

　したがって，本問の解答は「(a)誤，(b)誤，(c)誤」とする⑤である．

問7解答　⑤

専門知識

問 8　日本の天気に影響を及ぼす太平洋高気圧について述べた次の文章の下線部(a)〜(d)の正誤の組み合わせとして正しいものを、下記の①〜⑤の中から１つ選べ。

　　太平洋高気圧は亜熱帯高気圧の１つで、(a) 東西方向の水平スケールが 3000km 程度の総観規模の現象である。太平洋高気圧のような亜熱帯高気圧は、(b) ハドレー循環の下降流域に位置し、対流圏下層では発散域となっている。また、太平洋高気圧の圏内では、(c) 海面からの水蒸気の供給により、対流圏下層から上層までのほとんどの高度で、相対湿度が高くなっている。

　　盛夏期に、太平洋高気圧が北西に張り出して本州付近を広く覆い、さらに対流圏上層の高気圧とも重なると、(d) 午後に積乱雲が発達して広い範囲で雷雨になることが多い。

	(a)	(b)	(c)	(d)
①	正	正	誤	誤
②	正	誤	正	正
③	誤	正	正	誤
④	誤	正	誤	誤
⑤	誤	誤	誤	正

専門知識　問 8　解説

　本問は，太平洋高気圧についての設問である．

　地球大気には赤道付近の積乱雲の活動が活発な領域で上昇し，赤道を挟んで南北緯度 30 度帯付近で下降するハドレー循環が存在するが（参考図１），この下降流域に形成されるのが亜熱帯高気圧である．太平洋高気圧はこの亜熱帯高気圧の一種だが，季節により，海と陸の熱的コントラスト，アジアモンスーンの影響なども受ける（参考図２）．

　下線部(a)：参考図２に示すように太平洋高気圧は広く太平洋上に広がり，東西のスケールは経度幅で 90 度以上あり，長さにして約 8000km 程度以上となり，総観規模の現象である温帯高低気圧よりはるかに大きい．よって，下線部(a)は誤り．

　下線部(b)：前述のとおり，太平洋高気圧は亜熱帯高気圧の一種であり，ハドレー循環の下降流域に位置するので，対流圏下層では発散域となる．よって，下線部(b)は正しい．

　下線部(c)：衛星画像で見ると，太平洋高気圧圏内は雲が少ないところが多い．太平洋高気圧圏内では下降流が卓越しており，相対湿度は低くなる．なお，海面に近いところでは確かに蒸発は盛んだが，そこでも比較的乾燥しており，水蒸気は太平洋高気圧の外側に輸送されている．ただし，北米沿岸では寒流の影響等で水温が低く，下層付近では逆転層が形成されやすいため，水蒸気がたまりやすく，相対湿度が高く下層雲が形成されやすいところもある．よって，下線部(c)は誤り．

　下線部(d)：盛夏期に，太平洋高気圧が北西に張り出して本州付近を広く覆い，さらに対流圏上層の高気圧とも重なると，下降流域となるため，積乱雲の発達が抑えられ，晴れることが多い．よって，下線部(d)は誤り．

　したがって，本問の解答は，「(a)誤，(b)正，(c)誤，(d)誤」とする④である．

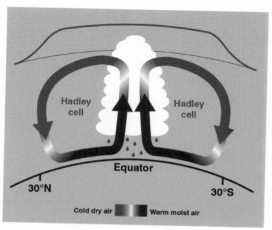

参考図1　ハドレー循環の模式図（NASA/JPL-Caltech による図を一部改変）
https://scijinks.gov/trade-winds/（NOAA の HP より）
Credit: NASA/JPL-Caltech https://www.jpl.nasa.gov/jpl-image-use-policy
（画像使用ポリシー）

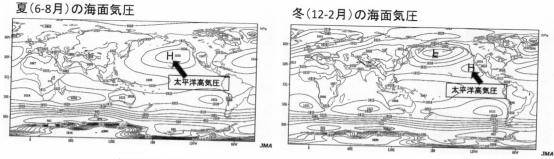

参考図2　夏と冬の海面気圧の分布図（1981-2010 年の平均値）
（JRA-55 アトラス（気象庁 HP）より）

問8解答　④

専門知識

問 9　日本海寒帯気団収束帯(JPCZ)について述べた次の文章の下線部(a)～(c)の正誤の組み合わせとして正しいものを、下記の①～⑤の中から 1 つ選べ。

　　日本海寒帯気団収束帯(JPCZ)は、冬の日本海で、寒気の吹き出しに伴って形成される、(a) 長さが 1000km 程度の収束帯である。強い寒気が南下した時に、収束帯付近で対流雲が組織的に発達し、陸地にかかると局地的に大雪をもたらすことがある。このような大雪は、(b) 北陸から東北地方の日本海側にかけての地域で発生することが多く、近畿以西の日本海側ではほとんど見られない。この収束帯の形成には、(c) 季節風が朝鮮半島の北にある山岳で 2 つに分かれ、風下の日本海の上で合流することのほか、海岸線の形や海面水温による気団変質の非一様性なども効いている。

	(a)	(b)	(c)
①	正	正	正
②	正	誤	正
③	正	誤	誤
④	誤	正	正
⑤	誤	正	誤

専門知識　**問 9　解説**

　本問は，日本海寒帯気団収束帯（JPCZ）に関する設問である．

　冬型の気圧配置となって大陸から強い季節風が吹きだすと，その沖合の海上に筋状の雲が発生する．筋状雲は一般に風の乱れが少ないときほど筋の乱れが少ないので，風速の大きい風上ほど風向が揃っている．そして，吹送距離が長くなって風速が弱まる風下側では，拡散によって形が乱れ筋状構造の特徴を失う（参考図 1）．

　下線部(a)：日本海寒帯気団収束帯（Japan-Sea Polar-Airmass Convergence Zone：JPCZ）は，冬の日本海で，寒気の吹き出しに伴って朝鮮半島北部から本州沿岸に形成される（参考図 2）．よって，長さは日本海の大きさである 1000km 程度であることから，「長さが 1000km 程度」とする下線部(a)は正しい．

　下線部(b)：日本海寒帯気団収束帯（JPCZ）の形成により，対流雲が組織的に発達して帯状対流雲ができ，これが陸地にかかると局地的に大雪をもたらすことがある．このような大雪は山陰から北陸という日本海側の地方で発生することが多く，北日本の日本海側の地方では発生しない．よって，「北陸から東北地方の日本海側にかけての地域で発生することが多く，近畿以西の日本海側ではほとんど見られない」とする下線部(b)は誤り．

　下線部(c)：日本海寒帯気団収束帯（JPCZ）の形成には，大陸からの寒気が日本海に吹き出すとき，朝鮮半島北にある長白（チャンパイ）山脈を迂回分流した気流が再び山脈風下の日本海で収束してで

きる．また，海岸線の形や海面水温による気団変質の非一様性なども効いている．よって，この収束帯の形成に効いているのは，「季節風が朝鮮半島の北にある山岳で2つに分かれ，風下の日本海の上で合流する」とする下線部(c)は正しい．

したがって，本問の解答は，「(a)正，(b)誤，(c)正」とする②である．

参考図1 衛星可視画像　JPCZと帯状対流雲　黒線は筋状雲の走向（気象庁HPからの画像に加筆）
　　　　帯状対流雲は，寒気の吹き出しに伴う下層の筋状雲の走向とほぼ直行する走向のT（Transverse）モードを持つ雲と，JPCZのシアーライン上に周りよりひときわ白く，塊状の積乱雲（Cb）や雄大積雲（Cg）・積雲（Cu）を含む活発な対流雲列で構成されている．JPCZのシアーラインから北東方向に湧き上がるように見える雲は，積乱雲（Cb）から広がった巻雲（Ci）である．この雲は朝鮮半島の付け根付近から始まり，季節風の風向に沿ってのび，主として北陸地方や山陰地方に里雪型の大雪をもたらす．

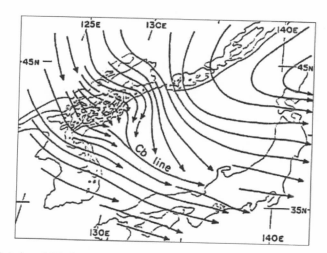

参考図2 山岳のまわりの気流系とCb雷雨の発生モデル（八木ら，1986）長白（チャンパイ）山脈を迂回した気流が山脈風下で合流してCb lineを形成している（「気象衛星画像の解析と利用」—航空気象編—　気象衛星センター）

問9解答　②

専門知識

問10　台風について述べた次の文(a)〜(d)の正誤の組み合わせとして正しいものを、下記の
①〜⑤の中から1つ選べ。

(a) 発達した台風において、風の接線成分と動径成分は、ともに大気境界層の上の自
由大気下層で最大となる。

(b) 発達した台風の対流圏界面に近い対流圏上層では、空気が台風の中心から外側に
流れ出し、中心から離れたところでは反時計回りに風が吹いている。

(c) 発達した台風の中心付近では対流圏の下層から上層まで気温が周囲よりも高く、
台風中心の低い気圧に対応している。

(d) 台風の強さは中心気圧によって分類され、中心気圧が 900 hPa 未満の台風は、最
も強い階級である「猛烈な台風」に属する。

	(a)	(b)	(c)	(d)
①	正	正	誤	正
②	正	誤	正	誤
③	誤	正	正	誤
④	誤	誤	正	正
⑤	誤	誤	正	誤

専門知識　**問 10　解説**

　本問は，台風についての一般的な特徴についての設問であり，令和4年度第1回気象予報士試験の
問12 など，よく出題されている．

　文(a)：台風に伴う風は，動径方向の風は，接線方向の風に比べて小さく，一般に気圧傾度力とコ
リオリ力および遠心力が釣り合った傾度風で近似できる（参考図1の左）．この場合の傾度風は，中
心付近への吹き込みはない．しかし，大気境界層では摩擦力が無視できないので，気圧傾度力とコ
リオリ力，遠心力に摩擦力が釣り合った傾度風で近似できる（参考図1の右）．この場合は等圧線を
横切って中心付近（低圧側）に吹き込んでいる．参考図1では，分かりやすさのため誇張して表現し
てあるが，実際は，等高度線に対してわずかな角度の横切りである．このため，大気境界層内では地
面摩擦力の影響により，中心に向かう流れが生じる．発達した台風において，風の動径成分について
は，摩擦力が大きい地表面付近ほど大きくなる．台風の接線成分の風速は，参考図2のように，最大
風速は中心から 100km ほど離れた，眼をとりまく雲壁付近の高度 2〜3km のところにある．大気境

界層は地上から上空約 1km のところにあり，その上が摩擦のほとんどない自由大気であることから，接線成分が最大となるのは自由大気下層である．よって，「風の接線成分と動径成分は，ともに大気境界層の上の自由大気下層で最大となる」とする文(a)は誤り．

文(b)：発達した台風は，眼の周りでは最も激しい暴風となって強い上昇流がある．そして，発達した台風の対流圏界面に近い対流圏上層では，空気が台風の中心付近から外側に流れだし，中心から離れたところでは時計回りに風が吹いている．よって，対流圏上層では「中心から離れたところでは反時計回りに風が吹いている」とする文(b)は誤り．

文(c)：発達した台風の中心付近では，参考図3のように，対流圏の下層から上層まで気温が周囲よりも高く，特に対流圏中層から上層にかけてはその傾向が明瞭である．この気温が高いことが台風中心の低い気圧に対応している．よって文(c)は正しい．

文(d)：気象庁の発表する気象情報や警報では，台風に「大型で強い台風」や「超大型で猛烈な台風」というように，大きさを表現する言葉と，強さを表現する言葉をつけている．この台風の大きさを表現する言葉と強さを表現する言葉は，一つ一つ異なった性質を持っている台風を分類したもので，たとえて言えば，人間の身長と体重に相当している．身長と体重だけでもその人の体力等が推定できるように，簡潔な言葉で台風の様相がある程度わかるというメリットがある．台風の大きさと強さは，昭和30年代後半から使われ，最初は，大きさについては主に1000hPa等圧線の半径，強さについては主に中心気圧を用いて分類してきた．しかし，気象衛星「ひまわり」により，台風の風の分布について高い精度で解析できるようになったことから，平成3年より台風の大きさと強さの分類を，それまでの気圧に重点をおいたものから風に重点をおいたものに変更している．台風の大きさは，平均風速が 15m/s 以上の領域（強風域）の半径によって分類され，強風域が 500km 以上で 800km 未満の台風を大型，800km 以上の台風を超大型としている．また，台風の強さは，参考表のように，最大風速によって分類されており，平成12年からは台風情報等でそれほど危険ではないと一般利用者に安心感を与えないよう，「弱い」「並の強さ」の表現は使っていない．よって，「台風の強さは中心気圧によって分類」とする文(d)は誤り．

したがって，本問の解答は，「(a)誤，(b)誤，(c)正，(d)誤」とする⑤である．

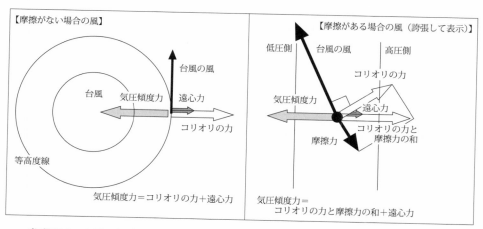

参考図1　台風の傾度風（左）と大気境界層内で摩擦力が加わる場合の傾度風（右）

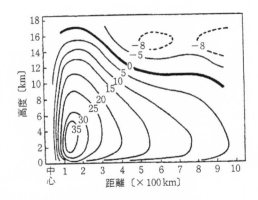

参考図2　台風の周りの接線成分風速の鉛直断面図
横軸は台風の中心からの距離，縦軸は高度である．図中の数値は低気圧の回転（時計回り）を正とした風速（m/s）である．最大風速は中心から 100km ほど離れた，高度 2〜3km のところにある．（気象庁資料）

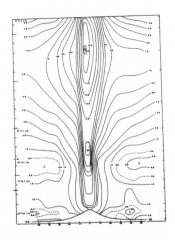

参考図3　ハリケーン　イネズ（1966 年 9 月 28 日）における気温偏差の半径，
鉛直断面図（ホーキンスとイムベンホ，1976）

参考表　台風の強さの階級区分

階級		最大風速	備　考
弱い	TS	17m/s 以上 25m/s 未満	平成 12 年から使用しない
なみの強さ	STS	25m/s 以上 33m/s 未満	平成 12 年から使用しない
強い	T	33m/s 以上 44m/s 未満	
非常に強い	T	44m/s 以上 54m/s 未満	
猛烈な	T	54m/s 以上	

問 10 解答　⑤

専門知識

問11　図Aは10月のある日の気象衛星ひまわりの水蒸気画像であり、図Bはその24時間後の画像である。図には暗域(破線)と地上低気圧の中心(L)が示されている。これらの画像について述べた次の文(a)～(d)の下線部の正誤の組み合わせとして正しいものを、下記の①～⑤の中から1つ選べ。

(a) 水蒸気画像は、「大気の窓」と呼ばれる水蒸気の吸収の影響の少ない波長領域における放射量を画像化したもので、その明暗は対流圏上・中層の水蒸気量の多寡に対応している。

(b) 図A及び図Bの暗域の部分では、対流圏の上・中層で、周辺より温度が高く、乾燥していると判断される。

(c) 水蒸気画像で白くあるいは灰色に見える領域は、「暗域」に対して「明域」と呼ばれている。図A及び図Bにおいて、暗域とその南側の明域の境界付近は、強風軸に対応していると判断される。

(d) 図Aの暗域は、24時間後の図Bでは東端部分や黄海から華北にかけて暗化している。暗化域は強い下降流の場に対応しており、この変化はトラフの深まりを示唆している。

図A

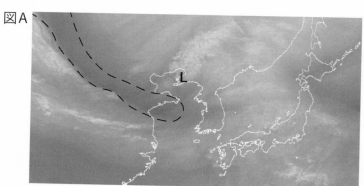

図B

	(a)	(b)	(c)	(d)
①	正	正	誤	正
②	正	正	誤	誤
③	誤	正	正	正
④	誤	誤	正	正
⑤	誤	誤	正	誤

専門知識　**問 11　解説**

　本問は，気象衛星ひまわりの水蒸気画像に関する設問である．水蒸気画像については，令和2年度第1回気象予報士試験の問11など，数年に1回は出題されている．

　文(a)：大気の影響が小さく，大気による吸収率が小さい波長領域のことを「大気の窓」というが，通常の赤外画像は，大気の窓である10〜12µmの波長帯の放射強度を，観測したものである．しかし，水蒸気画像は逆に大気中の水蒸気による吸収率が極めて大きい6〜8µmの波長帯の放射強度を観測（正確には6〜8µmの波長帯の中の3つの波長で観測）している（参考図1）．赤外画像と同様に放射輝度温度の低いところを明るく，放射輝度温度の高いところを暗くして，放射輝度温度の分布を表している．上・中層で水蒸気の少ない乾燥した部分は，より下層からの放射量が多く寄与するので温度が高く，画像では暗く見え，上・中層で水蒸気が多い湿った部分は，上・中層の水蒸気や雲からの放射量が多く寄与するので温度が低く，画像では明るく見える．このことから，地球表面や雲からの放射量の多寡から水蒸気量の多寡が示される．よって，明暗は対流圏の上・中層の水蒸気量の多寡に対応しているが，「水蒸気の吸収の影響の少ない波長領域における放射量を画像化したもの」とする文(a)は誤り．

　文(b)：大気を上・中・下層と3つの層に単純化した水蒸気画像における地表及び各層からの吸収・射出の概念図を参考図2に示す．まず地表からの射出は多いが，下層では相対湿度が低い状態でも水蒸気の絶対量は多いので，そのほとんどは下層大気に吸収される．上・中層大気が湿っている場合（参考図2の左），下層大気からの射出は中層大気に，中層大気からの射出は上層大気に多くが吸収され，上層大気からの射出は少ないので，衛星で観測される放射量は最も少ない．上・中層大気が乾燥している場合（参考図2の右），下層大気及び中層大気からの射出の多くが上・中層大気を透過するので，衛星で観測される放射量は最も多い．よって，射出が少ない暗域の部分では「対流圏の中・上層で，周辺より温度が高く，乾燥している」とする文(b)は誤り．ただ，暗域では乾燥空気が下降流による断熱昇温によって高温域となることも多いことから，「周辺より温度が高い」等の記述が正しい事例もある．水蒸気画像の暗域は，大気の温度で高い場所を示しているのではなく，大気の放射輝度温度が高い場所を示しているのであるが，誤解を与えそうな設問である．ある程度の知識がある受験生の中には，問題文で言っている温度の高低と輝度温度の高低では解釈が異なっていることを理解せず，正しいと判断した可能性がある．

　文(c)：水蒸気画像で現れる明域と暗域の境界をバウンダリーと呼んでいるが，このバウンダリーは上・中層における異なる湿気を持つ気塊の境界を示している．ジェット気流近傍の前線帯上空の極側では，沈降が強く乾燥域が圏界面から下方へのびているが，赤道側では暖かく湿っている（雲域が存在する場合もある）．このため，水蒸気画像の明域と暗域の境界付近の極側（北側）にジェット気流は存在する．よって，「暗域とその南側の明域の境界付近は，強風軸に対応している」とする文(c)は正しい．

　文(d)：水蒸気画像の黒い（暗い）部分は暗域，時間の経過とともにより暗くなってくる部分は暗化域と呼ばれる．暗化域は，上・中層の活発な沈降場が強化されていることを示しており，トラフの深まりや高気圧の強まりを表している．これは，上・中層のトラフや寒冷渦において，上昇域が雲

108

の領域に対応することから，明域となり，暗化域との差を明確に可視化できるからである．よって，「暗化域は強い下降流の場に対応しており，この変化はトラフの深まりを示唆している」とする文(d)は正しい．

したがって，本問の解答は，「(a)誤，(b)誤，(c)正，(d)正」とする④である．

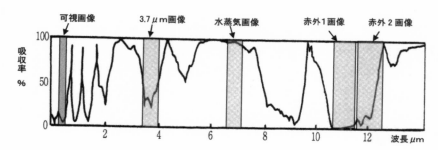

参考図1 大気による吸収率とひまわりの代表的な観測波長帯（網掛け域）気象衛星センター：気象衛星画像の解析と利用（2000）から作成

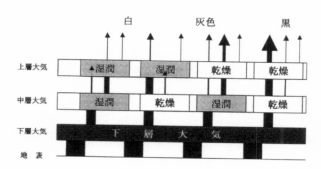

参考図2 水蒸気画像における放射の吸収・射出の概念図
白，灰色および黒は画像での相対的な明るさで，水蒸気画像では，放射量が多いほど暗く（黒く），少ないほど明るく（白く）表現される．
（「気象衛星画像の解析と利用—航空気象編—」気象衛星センター）

問11解答　④

専門知識

問12　気象庁が発表する特別警報、警報、注意報について述べた次の文(a)～(c)の下線部の正誤の組み合わせとして正しいものを、下記の①～⑤の中から1つ選べ。

(a) 大雪特別警報の発表を判断するための指標には、24時間降雪量が用いられており、府県程度の広がりをもって50年に1度程度の降雪量が予想される場合に大雪特別警報が発表され、積雪深は考慮されていない。

(b) 大きな地震が発生して堤防の損壊などの被害があった場合、普段なら災害が発生しない程度の雨でも洪水害が発生する可能性がある。このような場合は、洪水警報や洪水注意報の発表基準を暫定的に下げて運用する。

(c) 積雪が多い地域では、春先に気温が上昇し降雨があると雪融けが進み、普段なら災害が発生しない程度の雨でも土砂災害や浸水害、洪水害が発生することがある。このような災害は融雪注意報の対象であり、大雨注意報や洪水注意報は発表されない。

	(a)	(b)	(c)
①	正	正	誤
②	正	誤	正
③	誤	正	正
④	誤	正	誤
⑤	誤	誤	誤

専門知識　**問 12　解説**

　本問は，気象庁の発表する特別警報，警報，注意報についての設問である．なお，文(b)と(c)は第 51 回専門知識問 14 と同じ問題である．

　文(a)：大雪特別警報は，府県程度の広がりをもって 50 年に一度の積雪深となり，かつ，その後も警報級の降雪が丸一日程度以上続くと予想される場合に発表される．よって，積雪深は考慮されていないとする下線部(a)は誤りである．

　文(b)：気象庁では，大きな地震が発生した際には，震度や災害の状況に応じて，土砂災害警戒情報や大雨・洪水等の警報・注意報の基準を暫定的に下げて運用している．よって，下線部(b)は正しい．

　文(c)：融雪注意報は，融雪による土砂災害や浸水害が発生するおそれがあるときに発表される．一方，洪水注意報は，河川の上流域での大雨や融雪により下流で洪水害が発生するおそれがあるときに発表されるものであり，融雪洪水は洪水注意報の対象である．よって，洪水注意報は発表されないとする下線部(c)は誤りである．

　したがって，本問の解答は，「(a)誤，(b)正，(c)誤」とする④である．

(註) 特別警報の運用が開始されてから，2023 年 8 月でちょうど 10 年が経過するが，大雪特別警報はまだ一度も発表されていない．融雪注意報や融雪洪水も豪雪地帯に特有のものであり，全国的にはあまりなじみのない事象である．

　　こうした事項まで勉強しカバーしようとするのは，受験対策としては効率的ではないだろう．かと言って，安易にあきらめるのも得策ではない．設問文の中にヒントが隠されていたり，独特の言い回しからある程度正誤を推測できるものもあるので，あきらめずにトライすることが重要である．

問 12 解答　④

専門知識

問13　日本で主に冬季に発生する気象災害について述べた次の文(a)〜(c)の下線部の正誤の組み合わせとして正しいものを、下記の①〜⑤の中から1つ選べ。

(a) 湿った雪が降ると鉄道や電力の施設への着雪害が発生することがある。着雪害は、豪雪地帯のみならず、温帯低気圧に伴う降雪によりそれ以外の地域でも発生することがある。

(b) なだれはその発生形態から、表層なだれと全層なだれに分類される。全層なだれは、積雪が多くなる1月から2月の厳冬期に発生することが多い。

(c) 日本海側では、雷日数は冬の方が夏より少なく、冬に雷害はほとんど発生しない。

	(a)	(b)	(c)
①	正	正	正
②	正	誤	正
③	正	誤	誤
④	誤	正	誤
⑤	誤	誤	誤

専門知識　**問13　解説**

　本問は，日本で主に冬季に発生する気象災害についての設問である．

　文(a)：雪の温度が低いほどサラサラした乾いた雪となり，雪の温度が高くなるほどベタベタした湿った雪となって樹木や送電線等になどに着雪しやすくなって着雪害が発生する．このため，南岸低気圧通過時の太平洋側の雪は，雪の温度が0度付近という，温度が高い雪であることから，厳冬期の気温が低いときに多くの雪が降る豪雪地帯よりも着雪害が発生しやすい．着雪注意報は，着雪が著しく，樹木や送電線等に被害が予想される場合に発表され，概ね，大雪注意報の条件下で気温が−2℃より高い場合に発表される．よって，「豪雪地帯のみならず，温帯低気圧に伴う降雪によりそれ以外の地域でも発生することがある」とする文(a)は正しい．

　文(b)：なだれは，すべり面の違いによって，「表層なだれ」と「全層なだれ」の大きく2つのタイプに分けられる．表層なだれは，古い積雪面に降り積もった新雪が滑り落ちるもので，気温が低くて降雪が続く1〜2月の厳寒期に発生し，時速100〜200kmで落下する．これに対し，全層なだれは，斜面の固くて重たい雪が，地表面の上を流れるように滑り落ちるもので，気温が上昇する春先の融雪期に発生し，時速40〜80kmで落下する（参考図1）．気象庁では，なだれが発生しやすい気象条件が予想されるときには「なだれ注意報」を発表して注意を呼びかけるが，表層なだれの場合は，その時点での積雪の深さの実況と予想される降雪量を基に，全層なだれの場合は，その時点での積雪の深さに加えて，気温や降水量の予報も考慮して発表するなど発表基準が異なっている．よって，全層なだれは「積雪が多くなる1月から2月の厳冬期に発生することが多い」とする文(b)は誤り．

　文(c)：全国各地の気象台の観測に基づく雷日数（雷を観測した日の合計）の平年値をみると，年間の雷日数が多いのは東北から北陸地方にかけての日本海側沿岸の観測点で，最も多い金沢で45.1日となっている（参考図2）．これは，日本海沿岸では夏だけでなく，冬も雷の発生数が多いからである（参考図3）．また，日本海沿岸の冬の雷は，一回あたりの雷の電気量が多く，落雷すると被害が大きくなるという特徴があるとされている．よって，日本海側では「雷日数は冬の方が夏より少なく，冬に雷害はほとんど発生しない」とする文(c)は誤り．

　したがって，本問の解答は，「(a)正，(b)誤，(c)誤」とする③である．

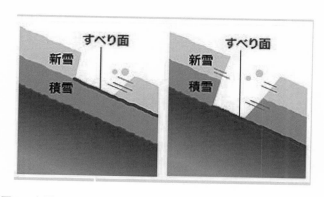

参考図1　表層なだれ（左図）と全層なだれ（右図）（国土交通省HPより）

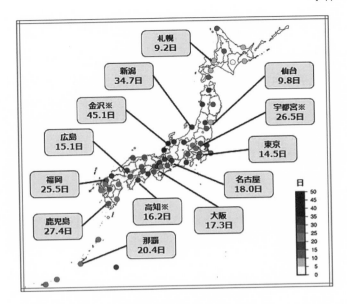

参考図2　観測地点毎の雷日数（雷を観測した日の合計）の平年値（1991～2020の30年平均値，ただし※印は観測の自動化以前に求めた参考値）（気象庁HPより）

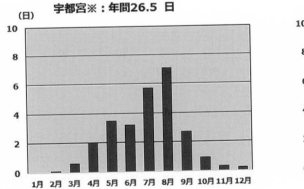
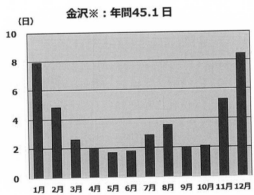

参考図3　宇都宮と金沢の月別雷日数（雷を観測した日の合計）の平年値（1991～2020の30年平均値）（気象庁HPより）

問13解答　③

専門知識

問14　表は、ある期間のA地点とB地点における日最高気温の予報と実況を示したものである。予報の検証について述べた次の文(a)～(c)の正誤の組み合わせとして正しいものを、下記の①～⑤の中から1つ選べ。ただし、見逃し率は全予報数に対する割合とする。

(a) この期間の最高気温の予報について、系統的な偏りを平均誤差(ME)により求めると、どちらの地点も正の偏りがある。

(b) この期間の最高気温の予報について、予報誤差の標準的な大きさを2乗平均平方根誤差(RMSE)により求めると、B地点の方がA地点よりも予報誤差が大きい。

(c) この期間の真夏日の予報の見逃し率は、B地点の方がA地点よりも低い。

A地点

日付	1日	2日	3日	4日	5日	6日	7日
予報(℃)	27	27	29	34	33	32	30
実況(℃)	23	29	32	33	28	34	32

B地点

日付	1日	2日	3日	4日	5日	6日	7日
予報(℃)	30	28	31	34	30	29	30
実況(℃)	26	30	33	32	30	31	28

	(a)	(b)	(c)
①	正	誤	正
②	正	誤	誤
③	誤	正	正
④	誤	正	誤
⑤	誤	誤	誤

専門知識　**問14　解説**

本問は，日最高気温予報の検証に関する設問である．予報の検証（精度評価）の設問はほぼ毎回出題される．知っていれば特に難しくないので，本書39頁以降に示す基本的な指標をしっかり覚えておいてほしい．

文(a)：平均誤差（ME）は，次の式で定義される．

$$ME \equiv \frac{1}{N} \sum_{i=1}^{N} (x_i - a_i)$$

ここで，N は標本数，x_i は予報値，a_i は実況値である．

この式に設問のA地点，B地点それぞれの予報値および実況値をあてはめると，標本数は7であるので，

A地点：$ME = ((27 - 23) + (27 - 29) + (29 - 32) + (34 - 33) + (33 - 28)$
$\qquad\qquad + (32 - 34) + (30\text{-}32))/7 = +1/7$

B地点：$ME = ((30 - 26) + (28 - 30) + (31 - 33) + (34 - 32) + (30 - 30)$
$\qquad\qquad + (29 - 31) + (30 - 28))/7 = +2/7$

よって，どちらの地点も平均誤差は正であり，正の偏りがあるので，文(a)は正しい．

文(b)：2乗平均平方根誤差（RMSE）は，次の式で定義される．

$$RMSE \equiv \sqrt{\frac{1}{N} \sum_{i=1}^{N} (x_i - a_i)^2}$$

この式に予測および実況の値を代入すると2乗平均平方根誤差を計算できるが，値そのものではなく両地点の値を比較するだけなので，ここでは平均2乗誤差（RMSEの2乗）を計算する．

A地点：$RMSE^2 = ((27 - 23)^2 + (27 - 29)^2 + (29 - 32)^2 + (34 - 33)^2 + (33 - 28)^2$
$\qquad\qquad + (32 - 34)^2 + (30 - 32)^2)/7 = 63/7 = 9$

B地点：$RMSE^2 = ((30 - 26)^2 + (28 - 30)^2 + (31 - 33)^2 + (34 - 32)^2 + (30 - 30)^2$
$\qquad\qquad + (29 - 31)^2 + (30 - 28)^2)/7 = 36/7 \fallingdotseq 5.1$

よって，A地点の方がB地点より2乗平均平方根誤差が大きいので，文(b)は誤りである．

文(c)：真夏日とは最高気温が30℃以上の日である．

参考表に，A，B両地点において，予報および実況で真夏日であった日を○で示す．

真夏日予報の見逃し率とは，実況で真夏日であった日に，真夏日を予報していなかった回数を，全体の標本数で割った値である．

参考表から，真夏日の見逃し回数は，A地点は3日の1回，B地点は2日と6日の2回であるので，見逃し率はB地点の方が高い．よって，文(c)は誤りである．

したがって，本問の解答は，「(a)正，(b)誤，(c)誤」とする②である．

参考表 A 地点および B 地点の真夏日の出現日

A 地点

日付	1 日	2 日	3 日	4 日	5 日	6 日	7 日
予報で真夏日				○	○	○	○
実況で真夏日			○	○		○	○

B 地点

日付	1 日	2 日	3 日	4 日	5 日	6 日	7 日
予報で真夏日	○		○	○	○		○
実況で真夏日		○	○	○	○	○	

(注)：○印は真夏日が出現した日を表す

問 14 解答　②

専門知識

問15　図1はある年の1月中旬における、対流圏上層のある気圧面の10日平均の高度とその平年偏差を示し、図2のア〜ウの内の1つは同じ期間の10日平均海面気圧と平年偏差を示している。これらの図に基づき、北半球の冬季の大気循環について述べた次の文章の空欄(a)〜(c)に入る語句の組み合わせとして正しいものを、下記の①〜⑤の中から1つ選べ。

　ジェット気流のうち、高緯度側に位置し (a) hPa高度付近に中心をもつものが寒帯前線ジェット気流である。その強弱の変動は北極振動と関係しており、北極振動が負の位相(海面気圧が北極域で平年より高く、中緯度域で平年より低い)のときには (b) 傾向がある。ユーラシア大陸上で寒帯前線ジェット気流が大きく蛇行すると、これに伴ってシベリア高気圧が変動し、日本の天候に大きく影響する。たとえば、図1のような蛇行が起きているときには図2の (c) のような海面気圧分布が見られる。

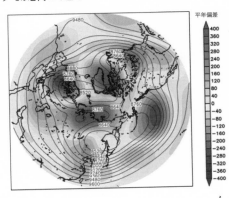

■1　ある年の1月中旬における、ある気圧面の10日平均高度(実線)と平年偏差(陰影)。単位はm。

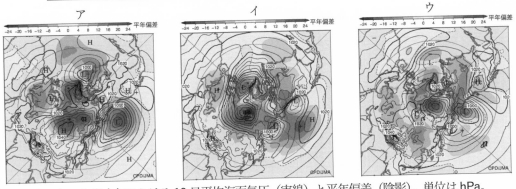

図2　ある年の1月中旬における10日平均海面気圧(実線)と平年偏差(陰影)。単位はhPa。

	(a)	(b)	(c)
①	300	弱い	ア
②	300	弱い	ウ
③	300	強い	イ
④	100	弱い	ア
⑤	100	強い	ウ

※この図は，カラーで出題されています．巻末を参照して下さい．

専門知識　**問 15　解説**

　本問は，寒帯前線ジェット気流を中心とした冬季の北半球の大気大循環に関する設問である．

　対流圏の上部には緯度 30 度付近に中心を持つ亜熱帯ジェット気流とより高緯度に存在する寒帯前線ジェット気流が存在する（参考図 1）．亜熱帯ジェット気流は 200hPa 付近に中心を持つが，寒帯前線ジェット気流は少し低く 300hPa 付近に中心を持つ．なお，寒帯前線ジェット気流は消長や動きが激しいことが多いため，一般的には長期間の平均天気図や平年図などでは確認することが難しい．

　空欄(a)：寒帯前線ジェット気流は 300hPa 付近に中心を持つ．なお，問題文の図 1 の天気図では気圧面は示されていないが，等値線を見ると高度が 9000m 前後であり，300hPa の天気図であると考えられ，このこともヒントになるかもしれない．よって，空欄(a)は「300」である．

　空欄(b)：北極振動は極域と中緯度域の気圧がシーソーする現象である．平年では海面気圧は極側が低いが，正の北極振動では極側の気圧が平年よりさらに下がり，中緯度側の気圧が平年より上がる．負の北極振動ではその逆である．北極振動は極上空から見ると同心円状のパターンであり，また，より高い高度でも同様な（順圧的な）変動をする．問題文にある負の北極振動では極側の気圧が平年より上がり，中緯度側では下がり，より高い高度でも同様であるため，中緯度と極域の間の南北の気圧傾度は平年より小さくなり，寒帯前線ジェット気流は平年より弱くなる．また，亜熱帯ジェット気流は逆に平年より強くなる．正の北極振動ではこの逆となる（参考図 2 参照）．よって，空欄(b)は「弱い」である．

　空欄(c)：発達する温帯高低気圧は構造が高さとともに西に傾いているが，それより水平スケールが大きい偏西風の蛇行時に生じるジェット気流上の波動では，大気の構造は鉛直方向にほぼ一様である．このため偏西風が北に蛇行する（上層の気圧の峰が存在する）と下層には高気圧，南に蛇行する（上層は気圧の谷）と下層には低気圧（寒冷低気圧）が形成される．図 1 ではシベリア北部に北への蛇行が見られ，正偏差となっておりブロッキングが形成されている．また，グリーンランド付近にもブロッキングが生じている．これらの付近において地上に強い高気圧が形成されているものを探すと「ア」が相当する．なお，このシベリア北部のブロッキングに伴う高気圧により，下層のシベリア高気圧が強化されている．よって，空欄(c)は「ア」である．

　したがって，本問の解答は，「(a)300，(b)弱い，(c)ア」とする①である．

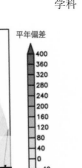

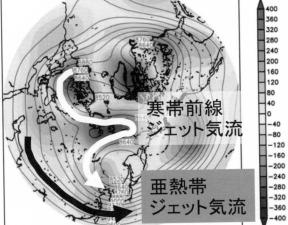

参考図1　ユーラシア大陸上の寒帯前線ジェット気流と亜熱帯ジェット気流

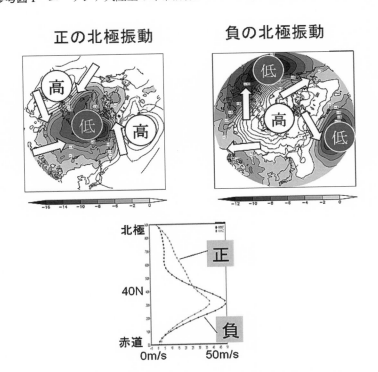

参考図2　北極振動が卓越した冬の海面気圧平年偏差と200hPaの東西風（帯状平均）
　　　　上左：海面気圧平年偏差．1988/89年冬（12〜2月）．負偏差域に陰影．矢印は風の平年偏差の向き．
　　　　上右：海面気圧平年偏差．2009/10年冬（12〜2月）．負偏差域に陰影．矢印は風の平年偏差の向き．
　　　　下：帯状平均した200hPa東西風の緯度分布．正の北極振動卓越時（1988/89年冬）と負の北極振動
　　　　卓越時（2009/10年冬）．気象庁HP「季節予報作業指針」の図を基に作成．

問15解答　　①

実技試験　1

実技試験 1

　次の資料を基に以下の問題に答えよ。ただし、UTC は協定世界時を意味し、問題文中の時刻は特に断らない限り中央標準時(日本時)である。中央標準時は協定世界時に対して 9 時間進んでいる。なお、解答における字数に関する指示は概ねの目安であり、それより若干多くても少なくてもよい。

XX 年 1 月 7 日から 8 日にかけての日本付近における気象の解析と予想に関する以下の問いに答えよ。予想図の初期時刻は、図 5〜図 8 は 1 月 7 日 9 時(00UTC)、図 13 は 1 月 8 日 6 時(7 日 21UTC)である。

問 1　図 1 は地上天気図、図 2 は 500hPa 天気図と 850hPa および 700hPa の解析図、図 3 は気象衛星赤外画像で時刻はいずれも 7 日 9 時、図 4 は 7 日 6 時〜15 時のウィンドプロファイラによる浜田の高層風時系列図である。これらを用いて以下の問いに答えよ。

(1)　7 日 9 時の日本付近の気象概況について述べた次の文章の空欄(①)〜(⑪)に入る適切な数値または語句を答えよ。ただし、②⑥⑦⑧は漢字、④は 16 方位、⑤は符号と単位を付した数値、⑨⑩は十種雲形を漢字で、⑪は下の枠内から 1 つ選び答えよ。

　　図 1 によると、日本海中部には前線を伴って発達中の 1000hPa の低気圧があり、(①)ノットの速さで東北東に進んでいる。この低気圧に対して(②)警報が発表されており、低気圧中心の南西側 1100 海里以内と北東側 900 海里以内では、最大で(③)ノットの風が吹いている。また、三陸沖には 2 つの低気圧があってともに(④)に進んでおり、関東の東にも低気圧があって東に進んでいる。

　　図 2(下)によると、700hPa 面では、日本海中部の低気圧と三陸沖の 2 つの低気圧ともに、低気圧の中心付近から進行方向前面で上昇流が強く、その値は最も強い所で(⑤)である。850hPa 面では、三陸沖の 2 つの低気圧の進行方向前面で(⑥)移流が、日本海中部の低気圧の進行方向後面で(⑦)移流が明瞭となっている。

　　図 3 によると、日本海中部の低気圧と三陸沖の 2 つの低気圧ともに、低気圧の中心付近から北側を中心に明白色の(⑧)の高い雲域が広がっている。また、寒冷前線西側の日本海から黄海付近にかけて対流雲が広がっており、図 1 によると日本海西部のウルルン島では、全雲量は 8 分量の 7 で、雲の種類は(⑨)と(⑩)、天気は(⑪)しゅう雪となっている。

　　⑪　┃　弱い　　並の　　強い　┃

(2)　図 4 を用いて、日本海中部の低気圧に伴う寒冷前線に関して、以下の問いに答えよ。ただし、図 4 が示す 7 日 6 時〜15 時の期間、浜田付近では、寒冷前線は形状を変えずに、前線に直交する方向に一定の速さ 60km/h で進んでいたものとする。また、ここで「通過した時刻」とは、図において通過したと判断される最初の時刻とする。

　　①　浜田の上空 0.3km(最下層の観測高度)を寒冷前線が通過した時刻を、30 分刻みで答えよ。また、そのように判断した理由を、風向については 16 方位で示して 25 字程度で述べよ。

124

② 浜田の上空 1.5km を寒冷前線が通過した時刻を 30 分刻みで答えよ。また、それと①の解答（時刻）を基に、浜田付近での寒冷前線の高度 0.3km から 1.5km における前線に直交する方向の平均的な勾配を分数値 1/F で求め、分母 F の値を 5 刻みで答えよ。

③ 解答図に高度 0.3km から高度 1.5km までの寒冷前線面を実線で記入せよ。

問 2　図 5 と図 6 は 500hPa と地上の 12、24 時間予想図、図 7 は 850hPa と 700hPa の 12、24 時間予想図、図 8 は図 5(下)の点線 PQ に沿った鉛直断面 12 時間予想図で、初期時刻はすべて 7 日 9 時である。これらと図 1、図 2 を用いて以下の問いに答えよ。

(1)　図 2(上)には 3 つのトラフを二重線で示してある。そのうちのトラフ A およびトラフ B の 12 時間後の予想位置を図 5(上)で求め、それぞれのトラフが 5160m の等高線と交わる経度を 1° 刻みで答えよ。なお、24 時間後にはトラフ A は千島近海に進んでそこに 500hPa 面の低気圧ができ、トラフ B は図 6(上)に二重線で示された位置に進むと予想されている。

(2)　7 日 9 時に日本海中部にあった低気圧は、12 時間後に北海道の南海上に進んだ後は不明瞭となる。また、7 日 9 時に三陸沖にあった 2 つの低気圧は 12 時間後までに 1 つにまとまり、それが 24 時間後には千島近海に進むと予想されている。24 時間後に千島近海に進むと予想される地上の低気圧に関して、以下の問いに答えよ。

① 図 5 を用いて、12 時間後のこの低気圧と 500hPa 面のトラフ A およびトラフ B との位置関係について、それぞれのトラフが 5160m の等高線と交わる位置から見た低気圧の方向と距離を答えよ。ただし、方向は 16 方位、距離は 100km 刻みとし、距離が 50km 未満のときは方向を「同位置」、距離を「0」とせよ。

② 7 日 9 時に三陸沖にあった 2 つの低気圧の、初期時刻から 24 時間後にかけての発達について、500hPa 面のトラフ A およびトラフ B との関係に着目し、時間の経過に即して書き出しを含めて 60 字程度で述べよ。

③ 図 6(下)と図 7(下)を参考に、24 時間後に千島近海に予想されている低気圧に伴う地上前線を、解答図に前線記号を用いて記入せよ。ただし、前線は解答図の枠線までのびているものとする。

(3)　12 時間後には本州付近は冬型の気圧配置となり、地上では図 5(下)に灰色の太破線で示すように日本海西部から北陸地方にかけて気圧の谷が予想されている。この地上の気圧の谷に関して、以下の問いに答えよ。

① 図 7(上)を用いて、地上の気圧の谷付近で予想される 700hPa 面の鉛直流と 850hPa 面の気温の分布の特徴について、それぞれ 25 字程度で述べよ。

② 図5(下)を用いて、地上の気圧の谷付近で予想される地上風の分布の特徴について、気圧の谷の両側の違いに着目して、50字程度で述べよ。

③ 東経135°付近における地上の気圧の谷の予想位置は、24時間後には12時間後に比べて｛ 北にある、同位置、南にある ｝のどれかを答えよ。ただし、南北差が緯度0.5°未満のときを同位置とする。

④ 図8を用いて、地上の気圧の谷とその周辺およびそれらの上空で予想される気象状況を説明した次の文章の空欄（ ⑦ ）〜（ ⑦ ）に入る適切な語句、記号または数値を答えよ。ただし、⑦④⑩④⑦は漢字、⑦は下の枠内から選んだ記号、④④⑦は50刻みの整数で答えよ。

　　地上の気圧の谷の上空の大気の成層状態は、680hPa付近より下層では相当温位が上空ほど（ ⑦ ）く（ ④ ）だが、それより上層は安定しており、680hPa付近を境に大きく異なる。この大気の成層状態が変化する高度は、湿数3℃以下の湿潤層の上端とも近いことから（ ⑦ ）を示すと考えられる。

　　（ ④ ）となっている気層の上端は、地上の気圧の谷の北東側の北緯37.9°では（ ④ ）hPa付近、南西側の北緯35.9°では（ ④ ）hPa付近で、地上の気圧の谷の上空が最も（ ⑦ ）くなる。そして、地上の気圧の谷の上空では、最大で−120hPa/hの（ ⑦ ）が予想され、（ ⑦ ）hPa付近から660hPa付近にかけて湿数が3℃以下になると予想されている。これらから、地上の気圧の谷付近では（ ⑦ ）性の雲が発達する可能性が高い。

　⑦　　a：前線性の安定層の下端　　b：気団変質を受けた気層の上端
　　　　c：大気下層の暖気移流により不安定となった気層の上端

問3　図9は7日21時の輪島の状態曲線である。この大気状態のときに、地上にある空気塊が、何らかの要因で断熱的に自由対流高度を超えて上昇したとして、図9を用いて、以下の問いに答えよ。

(1) 地上にある空気塊が上昇したことで発生する雲の雲底の高度を10hPa刻みで答えよ。また、雲底の高度を求めるために参考にしたすべての等値線等（等圧線と等温線を除く）の名前を漢字で答えよ。

(2) 自由対流高度を超えて上昇した空気塊の浮力がなくなる高度を10hPa刻みで答えよ。また、その高度を雲頂としたとき、雲頂の気温を1℃刻みで答えよ。

問4　図10は8日9時のアメダス実況図、図11は8日9時のレーダーエコー合成図、図12は7日18時〜8日9時の高田(上越市)における気象要素の時系列図、図13はメソモデルによる降水量予想図である。これらを用いて以下の問いに答えよ。

① 図10にはシアーラインの一部を灰色の太破線で記入してある。この記入されたシアーラインを挟んだ気温分布の特徴を30字程度で述べよ。また、記入されたシアーライン付近におけるエコー分布の特徴を、降水強度に言及して35字程度で述べよ。

② ①で得られた特徴はシアーライン全体に共通するものとして、未記入となっている部分のシアーラインを解答図に実線で記入せよ。ただし、記入するシアーラインは灰色の太破線で記入済みのシアーラインの両端から始まり、ともに解答図の枠線までのびているものとする。

(2) 図12を用いて、(1)の解答も参考に、以下の問いに答えよ。

① シアーラインが高田を通過した時刻を1時間刻みで答えよ。ただし、「通過した時刻」とは、図において通過したと判断される最初の時刻とする。

② 7日夜から8日朝にかけてのシアーラインの動向について述べた次の文章のうち、最も適切なものを記号で答えよ。また、そのように判断した高田における気象要素の変化について55字程度で述べよ。

> ア：シアーラインは、南下して高田を通過後は、高田の近くに停滞した。
> イ：シアーラインは、南下して高田を通過後も南下を続けた。
> ウ：シアーラインは、北上して高田を通過後は、高田の近くに停滞した。
> エ：シアーラインは、北上して高田を通過後も北上を続けた。

③ 高田における8日9時までの前6時間での平均的な雪水比（＝降雪量(cm)／降水量(mm)）を求め、四捨五入して小数第1位まで答えよ。

(3) 図13を用いて、上越市の予想に関して、以下の問いに答えよ。ただし、上越市の予想範囲は図13に示す四角枠の範囲とし、高田はその範囲内に位置している。また、上越市の大雪警報の発表基準は、6時間降雪量30cmとする。

① 上越市で予想される3時間降水量の最大値を、図の凡例にある数値を用いて、例えば、橙色のときは30mm、赤色は50mm、紫色は50mm以上として解答表に記入せよ。また、この降水量と(2)③で求めた雪水比を基に、予想される3時間降雪量の最大値を求め、解答表に整数で記入せよ。

② ①で求めた3時間降雪量の最大値の雪が同じ場所で降るとした場合に、上越市の大雪警報の発表基準以上になると予想される時間帯を、予報用語を用いて答えよ。ただし、降雪量は解答表に示された3時間毎に計算し、時間帯を表す予報用語は府県天気予報で用いられる一日の時間細分の用語を用いよ。

図1

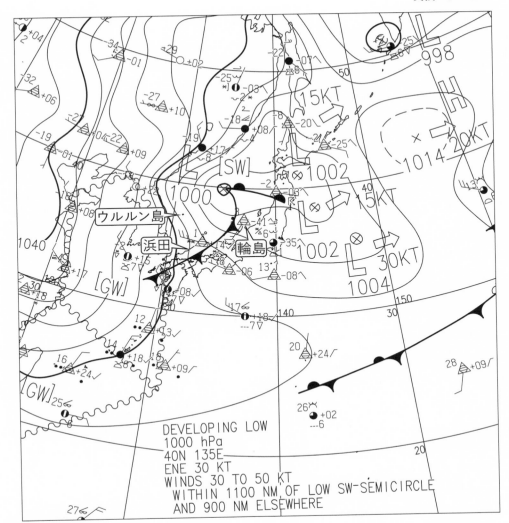

ウルルン島
の実況

図1　地上天気図　　　　　　　　　　　XX 年 1 月 7 日 9 時(00UTC)

　　実線・破線：気圧(hPa)
　　矢羽：風向・風速(ノット)（短矢羽：5 ノット、長矢羽：10 ノット、旗矢羽：50 ノット）
　　日本海中部にある低気圧の予報円は削除してある

図2

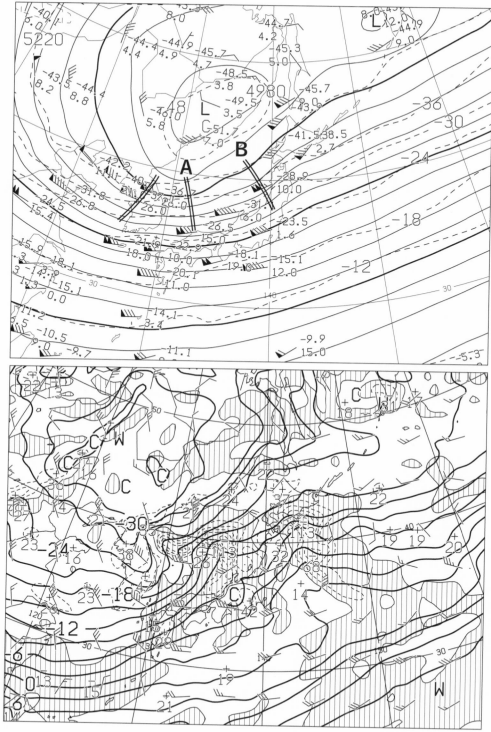

図2　500hPa 天気図(上)　　　　　　　　　XX 年 1 月 7 日 9 時(00UTC)
　　　実線：高度(m)、破線：気温(℃)
　　　矢羽：風向・風速(ノット)(短矢羽：5 ノット、長矢羽：10 ノット、旗矢羽：50 ノット)

　850hPa 気温・風、700hPa 鉛直流解析図(下)　　XX 年 1 月 7 日 9 時(00UTC)
　　　太実線：850hPa 気温(℃)、破線および細実線：700hPa 鉛直 p 速度(hPa/h)（網掛け域：負領域）
　　　矢羽：850hPa 風向・風速(ノット)(短矢羽：5 ノット、長矢羽：10 ノット、旗矢羽：50 ノット)

図3

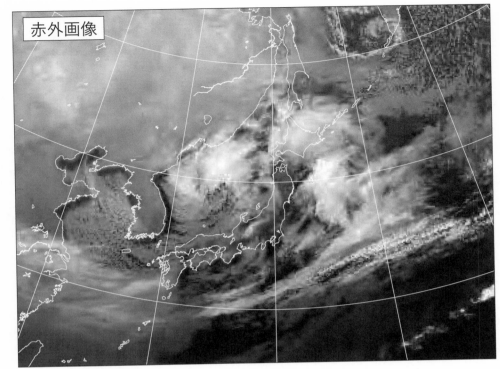

赤外画像

図3　気象衛星赤外画像　　　　　XX 年 1 月 7 日 9 時(00UTC)

図4

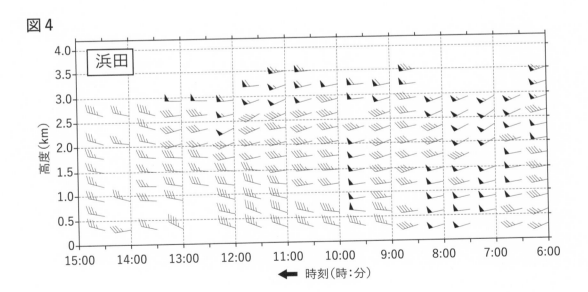

浜田

図4　浜田の高層風時系列図
　　　XX 年 1 月 7 日 6 時〜15 時(6 日 21UTC〜7 日 06UTC)
　　　　　矢羽：風向・風速(ノット)(短矢羽：5 ノット、長矢羽：10 ノット、旗矢羽：50 ノット)
　　　　　観測値がない場合は空白となっている
　　　　　浜田の位置は図 1 に表示

図5

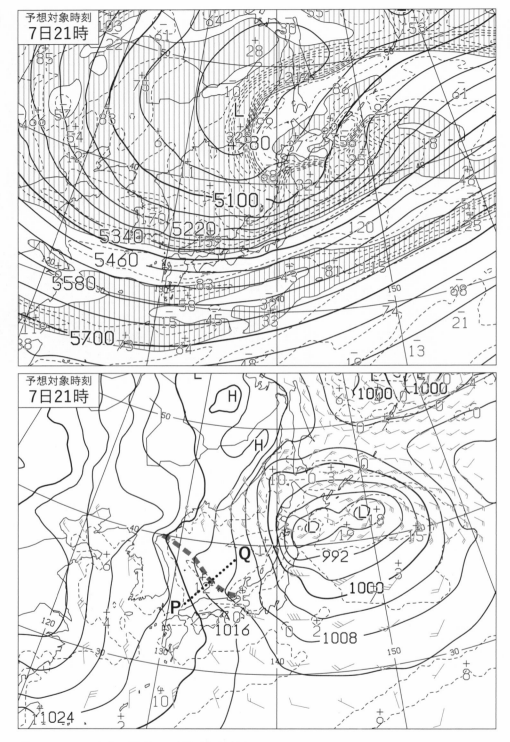

図5　500hPa 高度・渦度 12 時間予想図(上)
　　　太実線：高度(m)、破線および細実線：渦度(10⁻⁶/s)(網掛け域：渦度＞0)

　　地上気圧・降水量・風 12 時間予想図(下)
　　　実線：気圧(hPa)、破線：予想時刻前 12 時間降水量(mm) 、点線 PQ は図 8 の断面の位置
　　　矢羽：風向・風速(ノット)(短矢羽：5 ノット、長矢羽：10 ノット、旗矢羽：50 ノット)

　　初期時刻　XX 年 1 月 7 日 9 時(00UTC)

図6

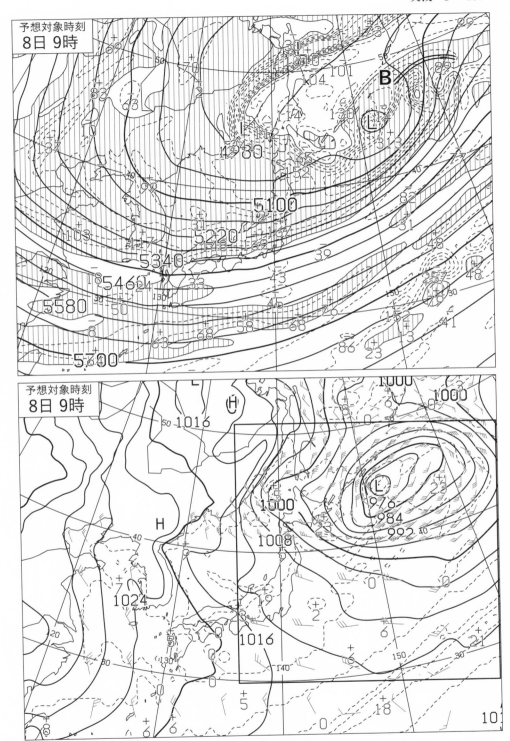

図6　500hPa 高度・渦度 24 時間予想図（上）
　　　太実線：高度(m)、破線および細実線：渦度(10⁻⁶/s)(網掛け域：渦度＞0)

　　地上気圧・降水量・風 24 時間予想図（下）
　　　実線：気圧(hPa)、破線：予想時刻前 12 時間降水量(mm)、四角枠：問 2(2)の解答図の枠線
　　　矢羽：風向・風速(ノット)(短矢羽：5 ノット、長矢羽：10 ノット、旗矢羽：50 ノット)

　　初期時刻　XX 年 1 月 7 日 9 時(00UTC)

132

図7

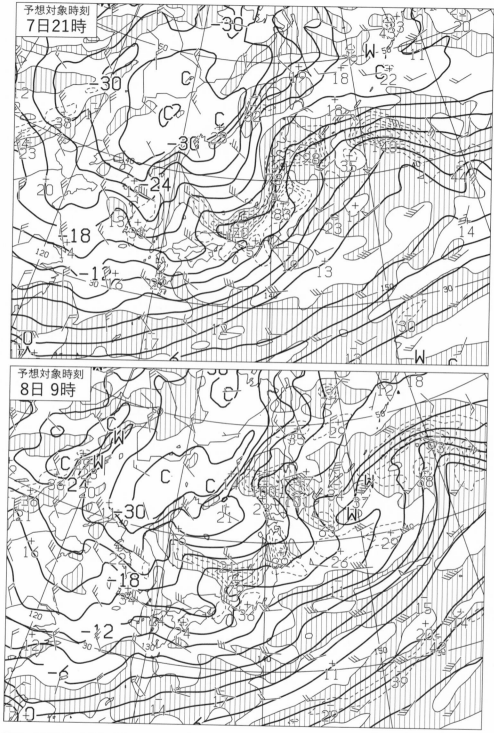

予想対象時刻 **7日21時**

予想対象時刻 **8日 9時**

図7　850hPa 気温・風、700hPa 鉛直流 12 時間予想図(上)、24 時間予想図(下)
太実線：850hPa 気温(℃)、破線および細実線：700hPa 鉛直 p 速度(hPa/h)（網掛け域：負領域）
矢羽：850hPa 風向・風速(ノット)(短矢羽：5ノット、長矢羽：10ノット、旗矢羽：50ノット)
初期時刻　XX 年 1 月 7 日 9 時(00UTC)

図8

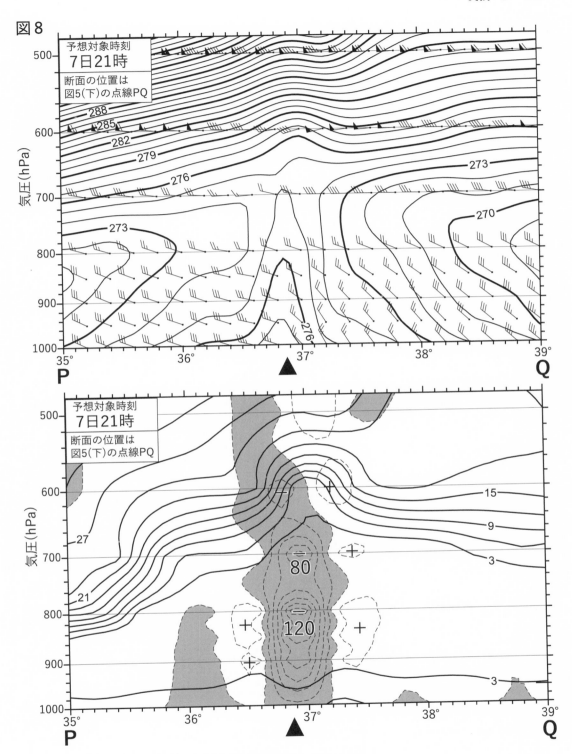

図8　相当温位・風の鉛直断面 12 時間予想図(上)
　　　　　実線：相当温位(K)、▲：地上の気圧の谷の予想位置
　　　　　矢羽：風向・風速(ノット)(短矢羽：5 ノット、長矢羽：10 ノット、旗矢羽：50 ノット)

　　湿数・鉛直流の鉛直断面 12 時間予想図(下)
　　　　　実線：湿数(℃)、破線：鉛直 p 速度(hPa/h)（灰色の陰影：負領域）、▲：地上の気圧の谷の予想位置

　　初期時刻　XX 年 1 月 7 日 9 時 (00UTC)　　＊断面の位置は図5(下)に点線PQ で表示

図9

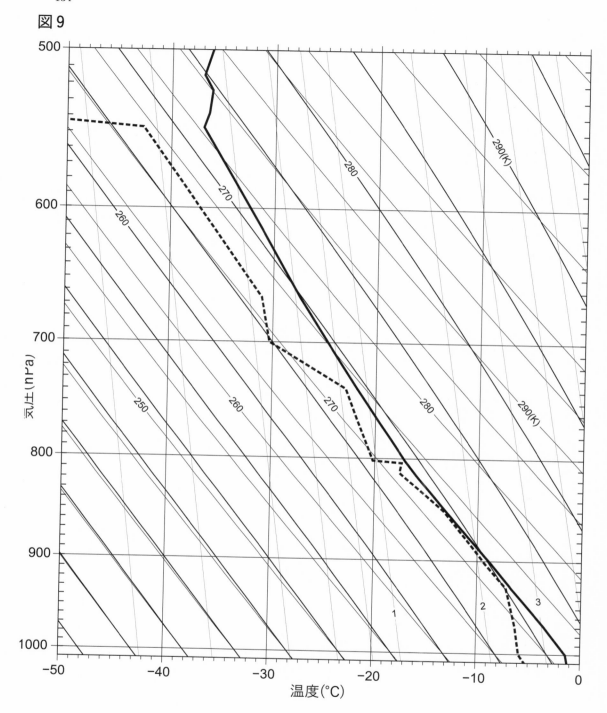

図9　輪島の状態曲線　　　　XX 年 1 月 7 日 21 時(12UTC)
　　　　実線：気温(℃)、破線：露点温度(℃)
　　　　輪島の位置は図1に表示

図10

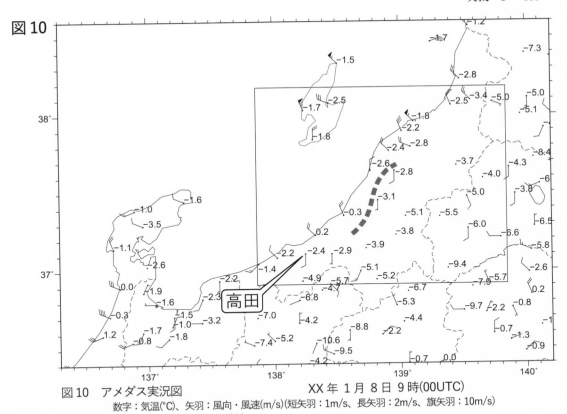

図10　アメダス実況図　　　　　　　　XX年1月8日9時(00UTC)
数字：気温(℃)、矢羽：風向・風速(m/s)(短矢羽：1m/s、長矢羽：2m/s、旗矢羽：10m/s)
四角枠：問4(1)の解答図の枠線

図11

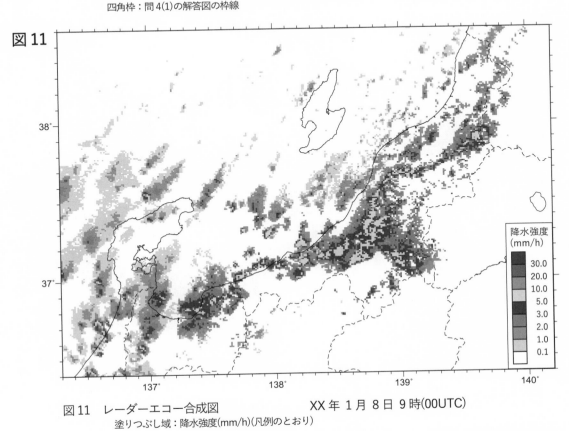

図11　レーダーエコー合成図　　　　　　XX年1月8日9時(00UTC)
塗りつぶし域：降水強度(mm/h)(凡例のとおり)

※この図は，カラーで出題されています．巻末を参照して下さい．

図12

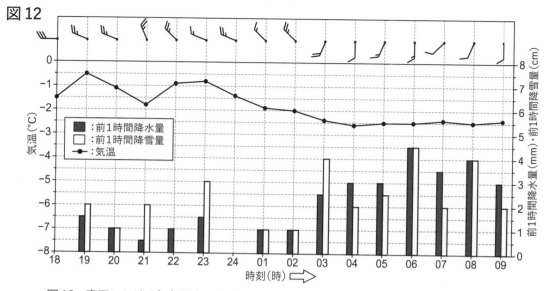

図12　高田における気象要素の時系列図
　　　XX年 1月7日18時〜8日 9時(7日09UTC〜8日00UTC)

矢羽：風向・風速(m/s)(短矢羽：1m/s、長矢羽：2m/s、旗矢羽：10m/s)、高田の位置は図10に表示

図13

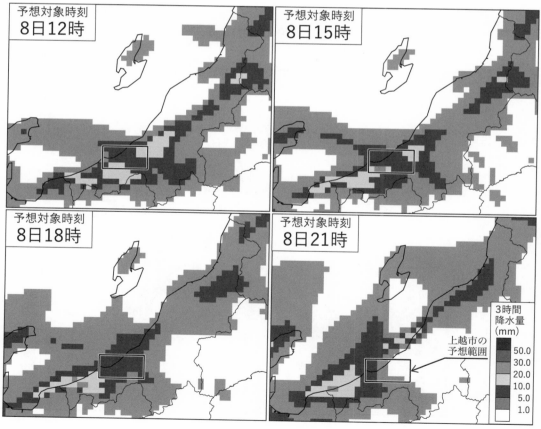

図13　メソモデルによる降水量06、09、12、15 時間予想図
　　　塗りつぶし域：前3時間降水量(mm)(凡例のとおり)、四角枠：上越市の予想範囲

　　　初期時刻　XX年 1月8日 6時(7日21UTC)

　※この図は，カラーで出題されています．巻末を参照して下さい．

解説　実技試験　1

　××年1月7日から8日にかけての日本付近における気象の解析と予報に関する設問である．設問は2021年1月7日から8日の事例である．参考図1.1に気象庁HP「日々の天気図」の2021年1月7日，8日の天気図とコメントを示す．1月7日は低気圧が急速に発達しながら北日本に進み，8日は日本付近に強い寒気が南下し，西日本から北日本の日本海側を中心に雪でふぶく所もあったと示されている．

　実技試験では，天気図に慣れておくことが必要なので，気象庁HPの「気象の専門家向け資料集」（https://www.jma.go.jp/jma/kishou/know/expert/）を普段から利用するようにしておくとよい．さらに，「日々の天気図」「災害をもたらした気象事例」を見て，大雨など典型的なパターンを見慣れておくとよい．「日々の天気図」には，コメントが付いているので，大雨，大雪，暴風などで災害をもたらした日や気圧配置の特徴を学習するには好材料である．季節的な「春一番」「梅雨入り」「台風」「急速に発達した低気圧」「（西高東低の）冬型」「（南高北低の）夏型」あるいは「大雨特別警報」などの用語に注目して見るとよい．

　問1は，定番の日本付近の気象概況，赤外画像の雲の特徴等についての穴埋め問題であり，高層風時系列図では，寒冷前線の通過時刻，前線の傾きについての設問である．前線の傾きについては最近頻繁に出題されるので，問題に慣れる必要がある．

　問2は，地上低気圧と500hPaトラフの関係が問われており，プラスの渦域や低気圧性曲率からトラフを決めることに慣れる必要がある．また，前線の描画であるが，閉塞した低気圧の前線で，今回は閉塞点や寒冷前線の位置決めについての知識が問われた．さらに，日本海寒帯気団収束帯（JPCZ）

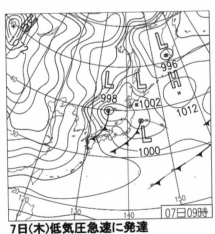

7日(木)低気圧急速に発達
低気圧が急速に発達しながら北日本に進み，日本付近に強い寒気が流入．広く荒れた天気で，秋田県八森で最大瞬間風速42.4m/s，岐阜県白川で27cm/3hの大雪．高知，静岡で初雪．

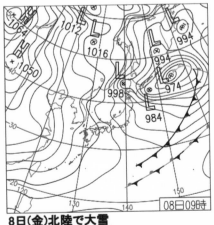

8日(金)北陸で大雪
日本付近に強い寒気が南下し，西日本〜北日本の日本海側を中心に雪でふぶく所も．沖縄・奄美も曇りや雨．新潟県安塚の日降雪量112cm．北海道えりも岬の最大瞬間風速33.0m/s．

参考図 1.1　2021年1月7日，8日の日々の天気図（気象庁）

の特徴についても問われた．

　問3は，エマグラムから持ち上げ凝結高度，平衡高度を求める基本的な問題である．

　問4は，高田付近に形成されたシアーライン付近の気温，エコーの特徴，移動，雪水比，大雪警報の発表の有無等が問われた．

　今回の実技1は，低気圧が急速に発達して，北陸で大雪になった事例である．日本海寒帯気団収束帯（JPCZ），および，日本海側の地方の大雪をもたらすシアーラインの特徴等が問われた．JPCZについては基礎知識として知っておきたい．

　基本的なことであるが，気象用語については漢字で書けるようにしておきたい．

問1の解説

　7日9時の地上天気図（図1），500hPa天気図と850hPaおよび700hPaの解析図（図2），気象衛星赤外画像（図3），7日6時〜15時のウィンドプロファイラによる浜田の高層風時系列図（図4），これらを用いての設問である．

　定番の日本付近の気象概況，赤外画像の雲の特徴等についての穴埋め問題である．浜田の高層風時系列図では，寒冷前線の通過時刻，前線の傾きについて問われている．前線の傾きについては最近頻繁に設問されている．また，最近の傾向として気象用語は漢字で書くように指示されるので，確実に書けるようにしておきたい．

問1(1)の解説

　7日9時の日本付近の気象概況について述べた文章の空欄に入る適切な数値または語句を答えよとの設問である．ただし，②⑥⑦⑧は漢字，④は16方位，⑤は符号と単位を付した数値，⑨⑩は十種雲形を漢字で，⑪は下の枠内から1つ選び，気象用語は漢字で書くように指示されている．

　最初に地上天気図についてである．日本海中部にある前線を伴った低気圧について天気図の下に記事で示されている．参考表1.1に記事の内容を示す．すなわち「発達中の1000hPaの低気圧は，（①30）ノットの速さで東北東に進んでいる」である．この低気圧に対して低気圧中心の北側に［SW］とある．参考表1.2から「（②海上暴風）警報が発表されて」おり，参考表1.1から「低気圧中心の南西側1100海里以内と北東側900海里以内では，最大で（③50）ノットの風が吹いている」となる．また，三陸沖にある2つの低気圧は「（④東北東（北東）に進んで」いるとなる．

　次に850hPa気温・風，700hPa鉛直流解析図（図2（下））についてである．参考図1.2に700hPa鉛直流解析図と地上の低気圧（✖）を示した．このような時は地上低気圧の位置を書いておくと解答しやすい．参考図1.2から700hPa面では，日本海中部の低気圧(a)と三陸沖の2つの低気圧（b，c）ともに，低気圧の中心付近から進行方向前面で上昇流が強いことが分かる．その値はa低気圧では−113，bでは−113，cでは−68である．よって「もっとも強い所で（⑤−113hPa/h）」である．ここでは単位を忘れないようにする．次に850hPa面での温度移流である．参考図1.2の低気圧近傍の○で囲った風を参考に三陸沖の2つの低気圧の進行方向前面で南よりの風が等温線を横切り，暖気

参考表 1.1　発達中の低気圧の記事

発達中の低気圧の記事	
DEVELOPING LOW	発達中の低気圧
1000　hPa	中心気圧　1000hPa
40N　135E	中心位置　北緯40度　東経　135度
ENE　30 KT	移動　東北東　30KT
WINDS 30 TO 50 KT	30KTから50KTの風が
WITHIN 1100 NM OF LOW SW SEMICIRCLE	低気圧の南西側1100海里
AND 900 NM ELSEWHERE	その他の方向では900海里

参考表 1.2　全般海上警報の種類と記号（気象庁）

記号	種類	発表基準
FOG [W]	海上濃霧警報 FOG WARNING	視程（水平方向に見通せる距離）0.3 海里（約500m）以下，瀬戸内海は 0.6 海里（約1000m 以下）
[W]	海上風警報 WARNING	風速 28 ノット以上 34 ノット未満（14 〜 16m/s）
[GW]	海上強風警報 GALE WARNING	風速 34 ノット以上 48 ノット未満（17 〜 24m/s）
[SW]	海上暴風警報 STORM WARNING	低気圧：風速 48 ノット以上（25m/s 以上） 台風：風速 48 ノット以上 64 ノット未満（25 〜 32m/s）
[TW]	海上台風警報 TYPHOON WARNING	台風による風が風速 64 ノット以上（33m/s 以上）

現在，基準値に達しているか，今後 24 時間以内に基準値に達することが予想される場合に発表される．

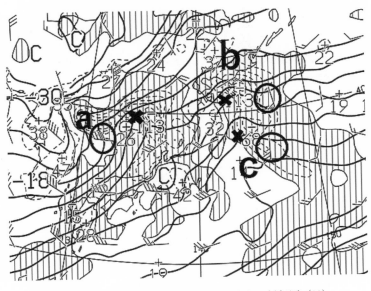

参考図 1.2　700hPa 鉛直流解析図と地上の低気圧（✖）

側から寒気側に吹いているので「(⑥暖気) 移流」となり，日本海中部の低気圧の進行方向後面では，西よりの風が等温線を横切り，寒気側から暖気側に吹いているので「(⑦寒気) 移流が明瞭となっている」となる．

参考図1.3 に気象衛星赤外画像と地上の低気圧 (✖)・前線を示す．日本海中部の低気圧と三陸沖の2つの低気圧ともに，低気圧の中心付近から北側を中心に明白色の雲となっている．赤外画像なので明白色の雲は「(⑧雲頂高度 (雲頂)) の高い雲域が広がっている」となる．また，寒冷前線西側の日本海から黄海付近にかけてすき間の見えるごつごつした対流雲が広がっている．次にウルルン島についてである．参考図1.4 にウルルン島の実況と気象要素を示す．また，参考図1.5 に雲量の表示を，参考図1.6 に上層雲，中層雲，下層雲の記号と十種雲形を示す．さらに参考図1.7 に天気図記号と解説を示す．これらを参考に，日本海西部のウルルン島では，全雲量は8分量の7で，雲の種類は「(⑨積雲) と (⑩層積雲)，天気は (⑪弱い) しゅう雪」となる．枠内には 弱い　並　強い があるので「弱い」を選べばよい．

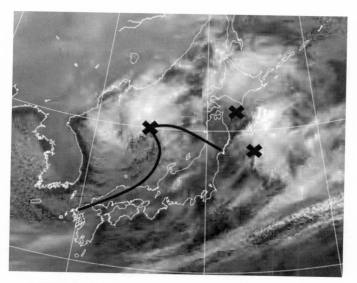

参考図 1.3　気象衛星赤外画像と低気圧 (✖)・前線 (実線)

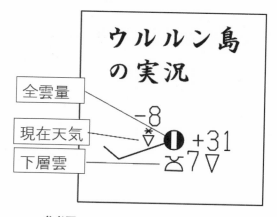

参考図 1.4　ウルルン島の実況と気象要素

雲量（10分量）	なし	1以下	2〜3	4	5	6	7〜8	9〜10⁻	10 （隙間 なし）	天空 不明	観測 しない
雲量（8分量）	なし	1以下	2	3	4	5	6	7	8	同上	同上
N	○	◔	◑	◕	◒	◓	◐	●		⊗	⊖
天気		快晴		晴れ			曇り				

参考図 1.5　雲量の表示（気象庁）
　　　観測で使用する雲量 10 分量と，国際天気記号形式の 8 分量の対比と全雲量による天気区分

（a）上層雲 C_H

記号	解　　　　　説	十種雲形
⌐	毛状またはかぎ状巻雲で空に広がる傾向はない。	巻　雲
⌐	空に広がる傾向のない濃密な巻雲または塔状や房状の巻雲。	
⌐	積乱雲からできた濃密な巻雲。	
⌐	かぎ状または毛状巻雲またはその共存。次第に空に広がり厚くなる	
2	巻雲と巻層雲。または巻層雲のみで次第に空に広がり厚くなる。連続した層は地平線上 45° 以上には達しない。	巻層雲
2	同上で，連続した層は地平線上 45° 以上に広がっているが，全天は覆っていない。	
2	巻層雲。全天を覆う。	
2	巻層雲。空は覆っていないしそれ以上広がる傾向はない。	
2	巻積雲または巻雲，巻層雲，巻層雲の中で巻積雲が卓越している。	巻積雲

（b）中層雲 C_M

記号	解　　　　　説	十種雲形
∠	半透明の高層雲。半分以上が半透明で太陽や月はかすかに見える。	高層雲
∠	不透明の高層雲（半分以上が太陽や月を隠すほど厚い）または乱層雲。	高層雲または乱層雲
ω	半透明の高積雲。1層で全天を覆う傾向はない。	高積雲
ω	半透明の高積雲。レンズ状のことが多く，1層または2層以上でたえず形が変化。全天を覆う傾向はない。	
ω	帯状の半透明高積雲または1層以上の連続的な高積雲。次第に広がり厚くなる。	
⋈	積雲または積乱雲が広がってできた高積雲。	
⋓	不透明の高積雲または全天に広がる傾向のない2層以上の半透明な高積雲あるいは高層雲か乱層雲を伴う半透明の高積雲。	
M	塔状または房状の高積雲。	
⋎	混とんとした空の高積雲。一般に幾つかの層になっている。	

（c）下層雲 C_L

記号	解　　　　　説	十種雲形
⌒	へん平な積雲または悪天候下のものでない断片積雲またはその共存。	積　雲
⌂	中程度に発達した積雲または雄大積雲。他の積雲や層積雲があってもよい。	
⌂	頂部がまだ巻雲状やカナトコ状にならない無毛積乱雲。積雲，層積雲，層雲があってもよい。	積乱雲
⌒	積雲が広がってできた層積雲。積雲があってもよい。	層積雲
⌣	積雲が広がってできたものでない層積雲。	
—	霧状の層雲または悪天候でないときの断片層雲。	層　雲
---	悪天候下の断片層雲または断片積雲。	
⌒	積雲と積雲が広がってできたものでない層積雲の共存。	積雲と層積雲
⌂	多毛積乱雲。頂部が巻雲状となりカナトコ状のことが多い。無毛積乱雲，積雲，層積雲，層雲があってもよい。	積乱雲

参考図 1.6　上層雲，中層雲，下層雲の記号と十種雲形（気象庁）

WW は現在天気，W は過去天気

WW	0	1	2	3	4	5	6	7	8	9	コード	W
00〜19	00	01	02	03	04	05	06	07	08	09	0	雲量以下.
20〜29	10	11	12	13	14	15	16	17	18	19	1	雲量3〜6.
30〜39	20	21	22	23	24	25	26	27	28	29	2	雲量間 雲量以上.
40〜49	30	31	32	33	34	35	36	37	38	39	3	砂じんあらしまたは高い地ふぶき.
50〜59	40	41	42	43	44	45	46	47	48	49	4	霧・氷霧または濃煙霧.
60〜69	50	51	52	53	54	55	56	57	58	59	5	霧雨.
70〜79	60	61	62	63	64	65	66	67	68	69	6	雨.
80〜89	70	71	72	73	74	75	76	77	78	79	7	雪または雨まじりのみぞれ.
90〜94	80	81	82	83	84	85	86	87	88	89	8	しゅう雨性降水.
95〜99	90	91	92	93	94	95	96	97	98	99	9	雷電.

注1：カッコ（ ）の記号は「視界内」，右側の鈎カッコ ］は「前1時間内」に現象があったことを意味する．

注2：雨雪などの記号が横に並ぶのは「連続性」，縦に並ぶのは「止み間がある」ことを表す．左側に付した垂直の線は「現象の強化」，右側の線は「現象の衰弱」を表す．

参考図1.7 天気図記号と解説（気象庁）

WW は現在天気，W は過去天気

問1(2) の解説

　7日6時〜15時のウィンドプロファイラによる浜田の高層風時系列図（図4）を用いて，日本海中部の低気圧に伴う寒冷前線に関しての設問である．ただし，7日6時〜15時の期間，浜田付近では，寒冷前線は形状を変えずに，前線に直行する方向に一定の速さ60km/hで進んでいたものとする．また，ここで「通過した時刻」とは，図において通過したと判断される最初の時刻とすると指示されている．浜田の位置については図1に示されており，地上天気図の9時の時点では寒冷前線は浜田を通過している．

　①では，浜田の上空0.3km（最下層の観測高度）を寒冷前線が通過した時刻を，30分刻みで答え，また，そのように判断した理由を，風向については16方位で示して述べよとの設問である．寒冷前線の通過前は南成分の風が吹き，寒冷前線通過後は北成分を持った風になる．図4では8時30分までは西南西の風，9時00分に西北西に変わる．よって，通過時刻は「9時0分」である．判断した理由は，気象業務支援センターの「風向が西南西から西北西に時計回りに変化したため．」となる．

　②では，浜田の上空1.5kmを寒冷前線が通過した時刻を30分刻みで答え，また，それと①の解答（時刻）を基に，浜田付近での寒冷前線の高度0.3kmから1.5kmにおける前線に直行する方向の平均的な勾配を分数値1/Fで求め，分母Fの値を5刻みで答えよとの設問である．まず，浜田の上空1.5kmを寒冷前線が通過した時刻であるが，0.3kmのときと同じ南成分を持った風から北成分を持った風に変わる時刻を求めればよい．すなわち「11時30分」となる．

　次に寒冷前線の勾配である．①から2時間30分かけて高度差1.2km変化したことになる．寒冷前線は，前線に直行する方向に一定の速さ60km/hで進んでいたものとするとなっているので，2時間30分で150km進んだことになる．よって，$150km \div 1.2km = 125$　となり，寒冷前線の勾配の分母Fは「125」である．

　③では，解答図に高度0.3kmから高度1.5kmまでの寒冷前線面を実線で記入せよとの設問である．寒冷前線の通過前は南成分の風が吹き，寒冷前線通過後は北成分を持った風になることを考慮して実線を記入すると参考図1.8となる．

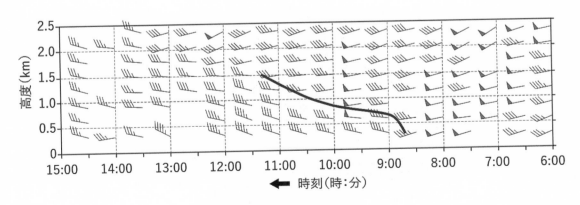

参考図1.8　寒冷前線面

問 2 の解説

　500hPa 高度・渦度，地上気圧・降水量・風 12，24 時間予想図（図 5，図 6），850hPa 気温・風，700hPa 鉛直流 12，24 時間予想図（図 7），相当温位・風の鉛直断面 12 時間予想図（図 8：図 5（下）の点線 PQ に沿った断面図），これらと地上天気図（図 1），500hPa 天気図と 850hPa および 700hPa の解析図（図 2）を用いての設問である．

　500hPa 天気図のトラフの 12 時間後の予想位置を求める設問や地上低気圧とトラフの関係が問われた．プラスの渦域や低気圧性曲率からトラフを決めることに慣れておく必要がある．また，定番の前線の描画であるが，閉塞した低気圧の前線で，今回は閉塞点や寒冷前線の位置についての知識が問われた．さらに，日本海寒帯気団収束帯（JPCZ）の特徴についても問われた．JPCZ については基礎知識として知っておきたい．

問2(1)の解説

　500hPa 天気図（図 2（上））には 3 つのトラフを二重線で示してある．そのうちのトラフ A およびトラフ B の 12 時間後の予想位置を 500hPa 高度・渦度 12 時間予想図（図 5（上））で求め，それぞれのトラフが 5160m の等高線と交わる経度を 1° 刻みで答えよとの設問である．なお，24 時間後にはトラフ A は千島近海に進んでそこに 500hPa 面の低気圧ができ，トラフ B は 500hPa 高度・渦度 24 時間予想図（図 6（上））に二重線で示された位置に進む予想されていると指示している．参考図 1.9 に 500hPa 高度・渦度 12 時間予想図とトラフおよび地上の低気圧の位置を示す．トラフは低気圧性曲率を持って，渦度プラスの極値を参考に極値を含めプラス域付近と目安をつけるとよい．トラフ A は「東経 145（144）°」，トラフ B は「東経 149（150）°」となる．トラフ B については，24 時間予想図の二重線で示されているが，初期時刻からおおよそ経度 20° 位進んでいるので，12 時間予想図で東経 149° は，経度 10° 位進んでいることになるのでつじつまが合う．

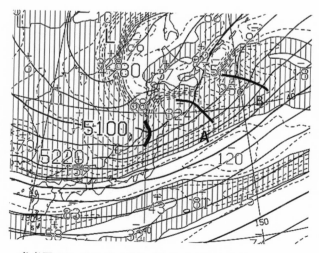

参考図 1.9 500hPa 高度・渦度 12 時間予想図とトラフ

問2(2)の解説

　7日9時に日本海中部にあった低気圧は，12時間後に北海道の南海上に進んだ後は不明瞭となる．また，7日9時に三陸沖にあった2つの低気圧は12時間後までに1つにまとまり，それが24時間後には千島付近に進むと予想されていることを前提に，24時間後に千島近海に進むと予想される地上の低気圧に関しての設問である．

　①では，図5を用いて，12時間後のこの低気圧と500hPa面のトラフAおよびトラフBの位置関係について，それぞれのトラフが5160mの等高線と交わる位置から見た低気圧の方向と距離を問うている．ただし，方向は16方位，距離は100km刻みをし，距離が50km未満のときは方向を「同位置」，距離を「0」とせよと指示されている．

　トラフAと低気圧との関係は，方向は「北東」である．距離は試験用紙で1.5cm離れており，緯度10°（おおよそ1100km）が4cmなので，「500（または400）km」となる．トラフBは，ほぼ「同位置」で距離は「0」kmである．

　②では，7日9時に三陸沖にあった2つの低気圧の，初期時刻から24時間後にかけての発達について，500hPa面のトラフAおよびトラフBとの関係に着目し，時間の経過に即して書きだしを含めて述べよとの設問である．書き出し部分は「2つの低気圧は」となっている．

　2つの低気圧（共に1002hPa）は，500hPa天気図（図2（上））では，トラフBの前面になっている．12時間予想図では低気圧（984hPa）は1つとなり，トラフBとほぼ同位置になっている．24時間予想図では低気圧（972hPa）はさらに発達し，トラフBは低気圧に先行して，トラフAとほぼ同位置になっている．よって「2つの低気圧は，初めの12時間はトラフBの進行方向前面で発達し（1つにまとまり），その後の12時間はトラフAの進行方向前面で発達する．」となる．

　③では，地上気圧・降水量・風24時間予想図（図6（下））と850hPa気温・風，700hPa鉛直流24時間予想図（図7（下））を参考に，24時間後に千島近海に予想されている低気圧に伴う地上前線を，解答図に前線記号を用いて記入せよとの設問である．ただし，前線は解答図の枠線までのびているものと指示されている．

　まず，この低気圧の閉塞の有無である．500hPa高度・渦度24時間予想図（図6（上））では，低気圧の南側では5220m付近が渦度0線となっており，強風軸は低気圧の南側となっている．よって，閉塞している低気圧として解析する必要がある．前線の位置については上昇流や850hPaの等温度線でおおよその位置を先に決めておくとよい．参考図1.10に500hPa気温・風，700hPa鉛直流24時間予想図に低気圧の中心（✖）とおおよその前線を示した．まず閉塞前線であるが，500hPa高度・渦度24時間予想図（図6（上））で渦度0線付近に目安をつけて，図7を見ると3℃の等温線のキンクした部分と位置がほぼあう．よって3℃の等温線のキンク部分を閉塞点として，温暖前線はそこから等温線に沿って南東へのばす．寒冷前線は閉塞点から3℃の等温線に沿って南南西進させるが，北緯33度付近から南は下降流域になるので前線としては相応しくない．よって，6℃線から7℃の上昇流域を寒冷前線とする．次に地上の前線である．参考図1.11に地上気圧・降水量・風24時間予想図と前線を示す．寒冷前線については，北緯40°から30°付近は低気圧曲率の部分に沿って繋げると参考図1.10と矛盾なく南下させることができる．

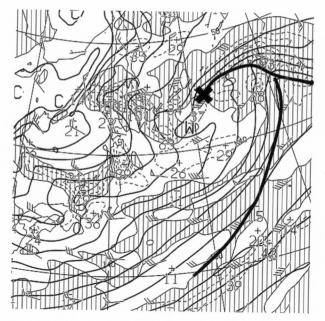

参考図 1.10 500hPa 気温・風，700hPa 鉛直流 24 時間予想図に
低気圧の中心（✖）とおおよその前線（実線）

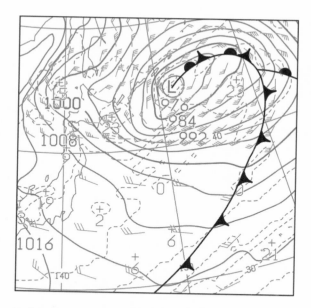

参考図 1.11 地上気圧・降水量・風 24 時間予想図と前線

問2(3) の解説

　12 時間後には本州付近は冬型の気圧配置となり，地上では図5（下）に灰色の太破線で示すように
日本海西部から北陸地方にかけて気圧の谷が予想されている．この地上の気圧の谷に関しての設問で
ある．

　これは，日本海寒帯気団収束帯（（Japan sea　Polar air mass Convergence Zone：JPCZ）についての設問である．日本海寒帯気団収束帯は冬に日本海で，寒気の吹き出しに伴って形成される，水平スケールが1000km程度の収束帯である．この収束帯に伴う帯状の雲域を，「帯状雲」と呼ぶ．強い冬型の気圧配置や上空の寒気が流れ込む時に，この収束帯付近で対流雲が組織的に発達し，本州の日本海側の地域では局地的に大雪となることがある．JPCZは朝鮮半島の白頭山の南東あたりから日本海側の北陸〜山陰地域に向かって現れることが多く，一冬に数回発生する．ただし，かならず白頭山の南東側から現れるとは限らず，もっと北側の大陸沿岸から東北〜北陸地域に向かって伸びることもある．JPCZは一般に大陸の沖合から南東方向に伸びる様に形成されるが，これには大陸から日本列島に向かう北西風と，この大陸からの乾燥した寒気に熱や水蒸気を供給する日本海の存在が関係している．

　①では，850hPa気温・風，700hPa鉛直流12時間予想図（図7（上））を用いて，地上の気圧の谷付近で予想される700hPa面の鉛直流と850hPa面の気温の分布の特徴について，それぞれ述べよとの設問である．

　参考図1.12に　850hPa気温・風，700hPa鉛直流12時間予想図と地上の気圧の谷の位置を示した．700hPa面の鉛直流分布の特徴は「地上の気圧の谷に沿って帯状の上昇流域となる．」である．また，850hPa面の気温の分布の特徴は「地上の気圧の谷に沿って温度場の尾根となる．」である．

　②では，地上気圧・降水量・風12時間予想図（図5（下））を用いて，地上の気圧の谷付近で予想される地上風の分布の特徴について，気圧の谷の両側の違いに着目して述べよとの設問である．

　図5（下）の図には，気圧の谷の付近の風が示されていないので，一般的な特徴を述べればよい．すなわち気象業務支援センターの「地上の気圧の谷の北東側は北よりの風，南西側は西よりの風で相対的に強く，気圧の谷付近で風が収束する．」となる．しかし「相対的に強く」の文言は必ずしも必要ないと思われる．

　③では，東経135°付近における地上の気圧の谷の予想位置は，24時間後には12時間後に比べて{北にある，同位置，南にある}のどれかを答えよとの設問である．ただし，南北差が緯度0.5未満

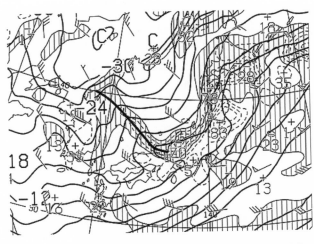

参考図1.12　850hPa気温・風，700hPa鉛直流12時間予想図と地上の気圧の谷

のときを同位置とすると指示されている．参考図1.13に地上気圧・降水量・風24時間予想図と気圧の谷を示す．12時間予想図では若狭湾付近にあるが，24時間予想図では能登半島付近である．よって「北にある」である．

④では，相当温位・風の鉛直断面12時間予想図（図8）を用いて，地上の気圧の谷とその周辺およびそれらの上空で予想される気象状況を説明した次の文章の空欄に入る適切な語句，記号または数値を答えよとの設問である．ただし，㋐㋑㋕㋖㋗は漢字，㋒は下の枠内から選んだ記号，㋓㋔㋘は50刻みの整数で答えよと指示されている．

地上の気圧の谷の上空の大気の成層状態は，680hPa付近より下層では相当温位が上空ほど「（㋐低）」いので「（㋑対流不安定）」だが，それより上空は相当温位が高度とともに高いので安定しており，680hPa付近を境に大きく異なっている．図8（下）から650hPa付近までは湿数3℃以下となっており，成層状態が変化する高度とも近い．大陸の乾燥した気温の低い大気が暖かい日本海を渡ることにより暖かく湿った空気塊に変質した．このことから，気団変質を受けた気層の上端，すなわち，「（㋒b）」となる．

㋒ | a：前線性の安定層の下端　　b：気団変質を受けた気層の上端
c：大気下層の暖気移流により不安定となった気層の上端

「（㋑対流不安定）」となっている気層の上端は，地上の気圧の谷の北東側の北緯37.9°は760hPa付近で，50刻みでは「（㋓750）hPa付近」となり，南西側の北緯35.9°は780hPa付近で，同じく50刻みで「（㋔800）hPa付近」となる．地上の気圧の谷の上空は680hPaなので，「最も（㋕高）くなる」となる．そして，地上の気圧の谷の上空では，800hPa付近で最大で−120hPa/hの「（㋖上昇流（鉛直流））が予想」される．湿数が3℃以下の層は，下層は960hPa付近で，50刻みで「（㋘950）hPa付近から660hPa付近にかけて湿数が3℃以下になると予想されている」となる．これらから，地上の気圧の谷の付近では対流不安定なため「（㋙対流）性の雲が発達する可能性が高い」となる．

なお，改めて対流不安定について解説しておく．大気下層ほど高相当温位の空気が存在したり，上

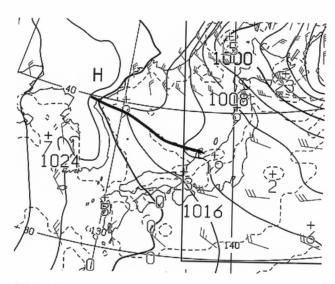

参考図1.13　地上気圧・降水量・風24時間予想図と気圧の谷

層ほど相当温位が低い状態を対流不安定という．すなわち，下層の気塊の持つ，水蒸気の潜熱エネルギーを含んだ全エネルギーが，上層のものより大きい場合を対流不安定という．したがって上空が乾燥しているほど，下層が湿っているほど対流不安定は大きくなる．

問 3 の解説

　7 日 21 時の輪島の状態曲線（図 9）用いての設問である．ただし，この大気状態のときに，地上にある空気塊が，何らかの要因で断熱的に自由対流高度を超えて上昇したとした場合と指示されている．持ち上げ凝結高度，平衡高度を求める，エマグラムを利用する際の基本的な問題である．

問3(1) の解説

　地上にある空気塊が上昇したことで発生する雲の雲底高度を 10hPa 刻みで答え，また，雲低の高度を求めるために参考にしたすべての等値線等（等圧線と等温線を除く）の名前を漢字で答えよとの設問である．雲底高度は，持ち上げ凝結高度（Lifting Condensation Level, LCL）を求めればよい．ある地点のある高度にある空気を強制的に上昇させると，この空気は乾燥断熱線に沿って移動する．一方，露点は等飽和混合比線に沿って移動する．乾燥断熱線の傾きの方が等飽和混合比線の傾きより大きいので，ある気圧で気温と露点が一致する．すなわち空気が水蒸気で飽和して雲が発生する．参考図 1.14 にエマグラムと空気塊に対応する等飽和混合比線 a，乾燥断熱線 b を示す．この 2 つの線が交差した高度が雲底高度となる．ここでは「950（940）」hPa である．参考にした等値線は「乾燥断熱線，等飽和混合比線」となる．

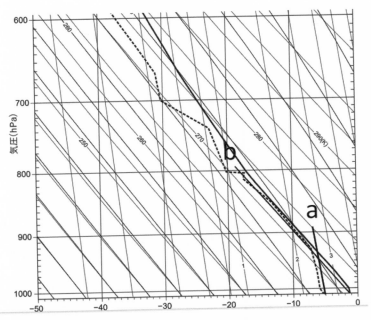

参考図 1.14　輪島の状態曲線と等飽和混合比線 a，乾燥断熱線 b

問3(2)の解説

　自由対流高度を超えて上昇した空気塊の浮力がなくなる高度を10hPa刻みで答え，また，その高度を雲頂としたとき，雲頂の気温を1℃刻みで答えよとの設問である．空気塊の持ち上げ凝結高度付近には270Kの湿潤断熱線が通っている．この湿潤断熱線に沿って上昇させると「660（650，670）」hPa付近で観測値と交差する．浮力が無くなる平衡高度である．この平衡高度の気温は平衡高度から，下にまっすぐに下ろした時の気温「−28（−27，−29）」となる．

　なお，参考図1.15にエマグラムで表す各種の等値線と高度を示す．

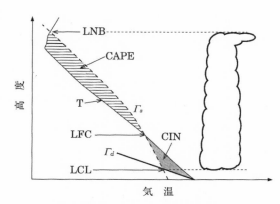

参考図 1.15　エマグラムで表す各種の等値線と高度
（日本気象予報士会「気象予報士ハンドブック」オーム社　2008年 p.386）

問4の解説

　8日9時のアメダス実況図（図10），8日9時のレーダーエコー合成図（図11），7日18時～8日9時の高田（上越市）における気象要素の時系列図（図12），メソモデルによる降水量予想図（図13）を用いての設問である．冬期冬型が強まった時のJPCZの先の日本海側の地方でしばしばシアーラインが解析される．この時，シアーライン付近では大雪に見舞われる．シアーライン付近の気温，エコーの特徴，移動，雪水比，大雪警報の発表の有無等が問われている．

問4(1)の解説

　8日9時のアメダス実況図（図10），8日9時のレーダーエコー合成図（図11）を用いての設問である．シアーラインを挟んだ気温分布，エコー分布の特徴を問うている．

　①では，8日9時のアメダス実況図にはシアーラインの一部を灰色の太破線で記入してある．この記入されたシアーラインを挟んだ気温分布の特徴，および，記入されたシアーライン付近におけるエコー分布の特徴を，降水強度に言及して述べよとの設問である．

　まず，シアーラインを挟んだ気温分布の特徴である．シアーラインの北西側の気温は海からの暖か
い空気で，内陸側の南東側より高温である．よって「シアーラインの北西側は相対的に高温，南東側
は低温である．」となる．

　次に，シアーライン付近におけるエコー分布の特徴である．シアーライン付近は黄色の5mm/h以
上のエコーが連なっている．よって「シアーラインに沿って降水強度5mm/h以上のエコーが分布し
ている．」となる．

　②では，①で得られた特徴はシアーライン全体に共通するものとして，未記入となっている部分の
シアーラインを解答図に実線で記入せよとの設問である．ただし，記入するシアーラインは灰色の
太破線で記入済みのシアーラインの両端から始まり，ともに解答図の枠線までのびているものとする
と指示されている．シアーライン付近は風向の変化も顕著で北西側は北成分を持ち南東側は南成分を
持っている．風向および気温の相対的な寒暖で判断すると参考図1.16となる．

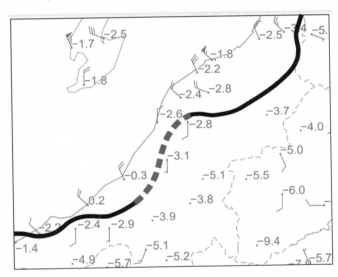

参考図1.16　シアーライン

問4(2)の解説

　7日18時〜8日9時の高田（上越市）における気象要素の時系列図（図12）を用いて，(1)の解答
も参考にして解答せよとの設問である．シアーラインの通過した時刻や移動，雪水比が問われている．

　①では，シアーラインが高田を通過した時刻を1時間刻みで答えよとの設問である．ただし，「通
過した時刻」とは，図において通過したと判断される最初の時刻とすると指示されている．時系列図
では時刻の流れが左から右なので注意をする．風の変化を見ると2時までは北よりの風が続いていた
が，3時以降は南よりとなった．気温も2時までは−2℃以上だったが，3時以降は−2.5℃以下になっ
た．よってシアーラインの通過は「3時」になる．

　②では，7日夜から8日朝にかけてのシアーラインの動向について述べた次の文章のうち，最も適
切なものを記号で答え，また，そのように判断した高田における気象要素の変化について述べよとの
設問である．

先に高田の気象要素の変化について確認する. 2時までは北よりの風で気温は3時以降より相対的に高く, 降雪量も3時以降より相対的に少ない. 3時以降は南よりの風となり気温が下がり, −2.5℃くらいで持続した. シアーラインの北側は北よりの風, 南側は南よりの風なので, 高田は前線の南側に位置することになるので「前線は北上して」となる. 降雪について3時以降は, 2時前よりも相対的に多い状態が持続したので, 収束線付近の降雪が強いレーダーエコーから, 高田はシアーラインの近くに位置していたことになる. よって「シアーラインは, 北上して高田を通過後は, 高田の近くに停滞した.」の「ウ」である.

次に, そのように判断した高田における気象要素の変化であるが「風向が北西から南よりに変化し, 気温が下降, 降雪が強まった後も, 風は南よりで気温が低く, 強めの降雪が続いた.」となる. ただし「風向が北西」は「風向が北より」でも正解であろう.

> ア：シアーラインは, 南下して高田を通過後は, 高田の近くに停滞した.
> イ：シアーラインは, 南下して高田を通過後も南下を続けた.
> ウ：シアーラインは, 北上して高田を通過後は, 高田の近くに停滞した.
> エ：シアーラインは, 北上して高田を通過後も北上を続けた.

③では, 高田における8日9時までの前6時間での平均的な雪水比（＝降雪量（cm）／降水量（mm））を求めよとの設問である. ただし, 四捨五入して少数第1位まで答えよと指示されている.

参考表1.3に高田の6時間降雪量と降水量を示す. 降雪量が17cm, 降水量が21mmなので, 17（cm）／21（mm）≒「0.8」となる.

問4(3)の解説

メソモデルによる降水量予想図（図13）を用いて, 上越市の予想に関しての設問である. ただし, 上越市の予想範囲は図13に示す四角枠の範囲とし, 高田はその範囲内に位置しており, また, 上越市の大雪警報の発表基準は, 6時間降雪量30cmとすると指示されている.

①では, 上越市で予想される3時間降水量の最大値を, 図の凡例にある数値を用いて, 例えば, 橙色のときは30mm, 赤色は50mm, 紫色は50mm以上として解答表に記入し, また, この降水量と(2)③で求めた雪水比を基に, 予想される3時間降雪量の最大値を求め, 解答表に整数で記入せよとの設問である. 3時間降水量の最大値を求めて, (2)③で求めた雪水比0.8から降雪量を求める. 結果は参考表1.4のとおりである.

②では, ①で求めた3時間降雪量の最大値の雪が同じ場所で降るとした場合に, 上越市の大雪警報の発表基準以上となると予想される時間帯を, 予報用語を用いて答えよとの設問である. ただし, 降雪量は解答表に示された3時間毎に計算し, 時間帯を表す予報用語は府県天気予報で用いられる一日の時間細分の用語を用いるよう指示されている.

上越市の大雪警報の発表基準は, 6時間降雪量30cmである. 6時～12時は26cmなので発表基準を満たさない. 9時～15時は40cmと予想され, 発表基準の30cm以上になると予想される時間帯は12時～15時であるので, 1日の細分用語で「昼過ぎ」となる. 12時～18時の時間帯も32cmなので, 発表基準値を超えるが, 大雪警報の発表基準以上となると予想される時間帯が問われているので12時～15時でよいであろう. 参考図1.17に1日の時間細分の用語を示す.

参考表 1.3　高田の降雪量と降水量

	4時	5時	6時	7時	8時	9時	6時間合計
降雪量(cm)	2	2.5	4.5	2	4	2	17
降水量(㎜)	3	3	45	3.5	4	3	21

参考表 1.4　高田の予想3時間降水量と3時間降雪量

	6時〜9時	9時〜12時	12時〜15時	15時〜18時	18時〜21時
3時間降水量(mm)		20	30	10	10
3時間降雪量(cm)	10	16	24	8	8

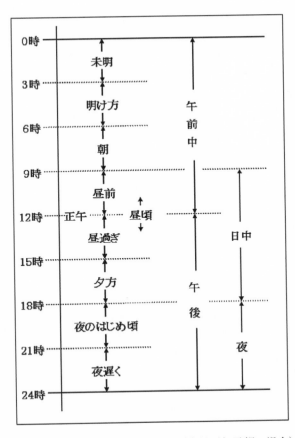

参考図 1.17　1日の時間細分図（府県天気予報の場合）

実技　1　解答例
((一財) 気象業務支援センター発表)

問1

(1) ① ＿＿30＿＿　② ＿＿海上暴風＿＿　③ ＿＿50＿＿

④ ＿東北東（北東）＿　⑤ ＿－113hPa／h＿　⑥ ＿暖気＿

⑦ ＿寒気＿　⑧ ＿雲頂高度（雲頂）＿　⑨ ＿積雲＿

⑩ ＿層積雲＿　⑪ ＿弱い＿　　　＊⑨と⑩は逆も可

11

(2) ① 通過時刻：＿＿9＿時＿＿0＿分

10

理由

風	向	が	西	南	西	か	ら	西	北	西	に	時	計	回
り	に	変	化	し	た	た	め	。						

② 通過時刻：＿＿11＿時＿＿30＿分

分母F：＿＿125＿＿

③

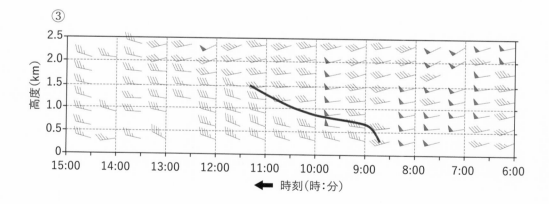

問2

(1) トラフA：東経 ＿145（144）＿ °　トラフB：東経 ＿149（150）＿ °

4

実技　1　解答例

((一財) 気象業務支援センター発表)

(2) ① トラフA：方向　北東　　　　　距離　５００（４００）km

トラフB：方向　同位置　　　　　距離　０　　　　　　km

②

2	つ	の	低	気	圧	は	、	初	め	の	1	2	時	間
は	ト	ラ	フ	B	の	進	行	方	向	前	面	で	発	達
し	（	1	つ	に	ま	と	ま	り	）	、	そ	の	後	の
1	2	時	間	は	ト	ラ	フ	A	の	進	行	方	向	前
面	で	発	達	す	る	。								

③

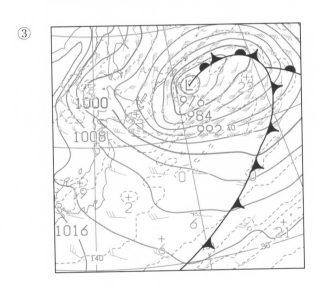

(3) ① 700hPa面の鉛直流分布の特徴

地	上	の	気	圧	の	谷	に	沿	っ	て	帯	状	の	上
昇	流	域	と	な	る	。								

850hPa面の気温分布の特徴

地	上	の	気	圧	の	谷	に	沿	っ	て	温	度	場	の
尾	根	と	な	る	。									

156

実技　1　解答例

((一財) 気象業務支援センター発表)

②

地	上	の	気	圧	の	谷	の	北	東	側	は	北	よ	り
の	風	、	南	西	側	は	西	よ	り	の	風	で	相	対
的	に	強	く	、	気	圧	の	谷	付	近	で	風	が	収
束	す	る	。											

③ 　北にある

④ ⑦ 　低　　　　　　⑦ 　対流不安定　　　⑨ 　b

⑤ 　７５０　　　　⑥ 　８００　　　　⑤ 　高

⑦ 　上昇流（鉛直流）　⑦ 　９５０　　　　⑦ 　対流

問3

(1) 雲底の高度：　　　　９５０　　　hPa　（９４０）

参考にした等値線等：　乾燥断熱線、等飽和混合比線

6

(2) 浮力がなくなる高度：　６６０　　　hPa　（６５０、６７０）

雲頂の気温：　　　－２８　　　℃　　（－２７、－２９）

3

問4

(1) ① 気温分布の特徴

シ	ア	ー	ラ	イ	ン	の	北	西	側	は	相	対	的	に
高	温	、	南	東	側	は	低	温	で	あ	る	。		

11

エコー分布の特徴

シ	ア	ー	ラ	イ	ン	に	沿	っ	て	降	水	強	度	5
m	m	／	h	以	上	の	エ	コ	ー	が	分	布	し	て
い	る	。												

実技　1　解答例

(（一財）気象業務支援センター発表)

②

(2) ①　__3__　時

② 最も適切な文章：　__ウ__

理由

風	向	が	北	西	か	ら	南	よ	り	に	変	化	し	、
気	温	が	下	降	、	降	雪	が	強	ま	っ	た	後	も
、	風	は	南	よ	り	で	気	温	が	低	く	、	強	め
の	降	雪	が	続	い	た	。							

③　__0.8__

11

(3) ①

	6時～9時	9時～12時	12時～15時	15時～18時	18時～21時
3時間 降水量 (mm)		20	30	10	10
3時間 降雪量 (cm)	10	16	24	8	8

5

② __昼過ぎ__

実技試験　2

160

実技試験 2

　次の資料を基に以下の問題に答えよ。ただし、UTC は協定世界時を意味し、問題文中の時刻は特に断らない限り中央標準時(日本時)である。中央標準時は協定世界時に対して 9 時間進んでいる。なお、解答における字数に関する指示は概ねの目安であり、それより若干多くても少なくてもよい。

XX 年 6 月 15 日から 17 日にかけての日本付近における気象の解析と予想に関する以下の問いに答えよ。予想図の初期時刻は、図 4 を除き、いずれも 6 月 15 日 21 時(12UTC)である。

問 1　図 1 は天気図、図 2 は気象衛星画像、図 3 は解析図、図 4 は 12 時間予想図であり、対象時刻はいずれも 15 日 21 時である。これらを用いて以下の問いに答えよ。なお、図 1 には前線が描画されていない。

(1) 15 日 21 時の日本付近の気象概況について述べた次の文章の空欄(①)〜(⑫)に入る適切な数値または語句を答えよ。ただし、②は 50 刻みで、⑥⑪は漢字で、⑦は 16 方位で、⑧⑨は下の枠の中から選んで、⑩は符号を付して答えよ。

> 　地上天気図では、石垣島付近に中心気圧(①)hPa の台風があり、東北東へ 16 ノットで進んでいる。この台風の 24 時間後の予報円の大きさは直径(②)海里で、24 時間後にこの円内に台風の中心が入る確率は(③)%である。台風の中心付近の最大風速は(④)ノットで、今後 24 時間以内に最大風速は(⑤)ノットに達すると予想されており、この台風に対して (⑥)警報が発表されている。
>
> 　日本の東には中心気圧 998hPa の温帯低気圧があって(⑦)へ 20 ノットで進んでいる。
>
> 　石垣島の地上観測の現在天気によると、(⑧)から(⑨)降水があり、過去 3 時間の気圧変化量は(⑩)hPa となっている。
>
> 　日本海や東シナ海には(⑪)警報が発表されており、その発表基準は視程(⑫)海里以下である。

⑧	層状雲　　対流雲	⑨	前 1 時間内に　　視界内に

(2) 図 1 の日本の東の低気圧の中心は、この低気圧との関係が最も強い 500hPa の強風軸に対してどのような位置にあるか、適切な語句を下の枠の中から選んで答えよ。

明らかに低緯度側　　明らかに高緯度側　　ほぼ真下

(3) 地上から 500hPa にかけての、台風中心の鉛直方向からの傾きについて、その方向を 8 方位で答えよ。ただし、500hPa の中心位置が地上の中心位置から 50km 以内のときは「ほぼ鉛直」と答えよ。

(4) 図 2 を用いて、地上の台風中心とその周辺における雲域の特徴を、雲の種類(層状雲または対流雲)および雲頂高度に言及して 50 字程度で述べよ。

(5) 図 4 を用いて、図 1 の地上の台風中心から 200km 以内の、500hPa 面の気温分布の特徴、および 700hPa 面の乾湿の分布の特徴を、それぞれ 30 字程度で述べよ。

問2 図5、図6は12時間予想図、図7、図8は36時間予想図である。また図9はメソモデルによる12時間予想図である。これらを用いて以下の問いに答えよ。

(1) 図5〜図8を用いて、12時間後から36時間後にかけての台風の変化、および36時間後の台風の特徴等、台風の温帯低気圧化の判断に関する以下の問いに答えよ。

① 12時間後から36時間後にかけての台風中心とその周辺の変化に関する以下の問いに答えよ。

ⓐ 図5および図7を用いて、中心気圧の変化量を4hPa刻みで答えよ。

ⓑ 36時間後の700hPaの乾湿の分布について、12時間後からの変化の特徴を35字程度で述べよ。

ⓒ 850hPaの高相当温位域の形状の変化を20字程度で述べよ。

② 36時間後の台風中心とその周辺における気象に関する以下の問いに答えよ。

ⓓ 地上から500hPaにかけての、台風中心の鉛直方向からの傾きについて、その方向を8方位で答えよ。ただし、500hPaの中心位置が地上の中心位置から50km以内のときは「ほぼ鉛直」と答えよ。

ⓔ 地上の台風中心からみて850hPa面の相当温位の極大がどの方向にあるか、8方位で答えよ。ただし、極大の位置が地上中心から50km以内のときは「ほぼ同じ」と答えよ。

ⓕ 地上の台風中心から200km以内の、500hPa面の気温分布と温度傾度の特徴を30字程度で述べよ。

(2) 下枠内の記号は、(1)の6つの問いのうち5つを表したものである。この中で、その解答が、台風が温帯低気圧に変化するときにみられる特徴とみなせるものを全て選んで、記号で答えよ。ただし、該当する記号がない場合には「なし」と答えよ。

ⓐ　　ⓑ　　ⓒ　　ⓔ　　ⓕ

(3) 台風中心付近の地上気圧および降水量予想について、図5の全球モデルと図9のメソモデルとの違いに関する以下の問いに答えよ。

① 台風中心から200km以内の前12時間降水量の分布について、メソモデルではみられるが全球モデルではみられない特徴を40字程度で述べよ。

② 図9における台風の中心気圧および996hPa以下の領域の広さについて、図5との違いを簡潔に答えよ。

問3　図10は気象衛星画像、図11は名瀬(位置を図1に示す)の状態曲線と風の鉛直分布であり、時刻はいずれも16日9時である。また、図12は沖縄周辺における台風の経路図(台風の実際の経路はA〜Dの直線のうちのいずれか)、図13は久米島、粟国、名護(それぞれの位置を図12に示す)における気象要素の10分毎の時系列図である。これらを用いて以下の問いに答えよ。なお、図13における瞬間風速は、前10分間の瞬間風速の最大値を示している。

(1)　図2、図10を用いて、16日9時の台風の中心付近における雲について、12時間前から変化した特徴を、雲頂高度および雲の種類(対流雲または層状雲)に言及して、25字程度で述べよ。ただし、台風中心の位置は図9により推定せよ。

(2)　図11を用いて以下の問いに答えよ。ただし、ここでは全層にわたり温度風の関係が成立するものとする。

　　① 状態曲線にみられる2つの前線性の逆転層のそれぞれについて、層の上端の高度(10hPa刻み)、および、その高度の上層50hPaから下層50hPaの範囲における温度移流の種類を答えよ。

　　② 750hPa〜550hPa、および550hPa〜450hPaにおける温度移流の状況について、簡潔に答えよ。なお、温度移流が明確な場合にはその方向を示して答えよ。

(3)　(2)および図6(下)に着目して、図5(下)の日本の東の低気圧に伴う前線、および低気圧に伴う寒冷前線とつながって西にのびる停滞前線を、四角の枠で囲まれた範囲について前線記号を付して記入せよ。ただし、各前線の端は枠まで達しているものとする。

(4)　図12、図13を用いて、台風の経路および諸元に関する以下の問いに答えよ。ただし、6時〜15時において、台風の発達・衰弱はなく、台風の中心気圧と等圧線の大きさ、移動方向と速さにも変化はないものとする。また、久米島から名護までの距離は120kmである。

　　① 図13のみを用いて、図12の中に記号A〜Dで示した直線のうち、台風の経路として最も適切なものを1つ選んで、記号で答えよ。ただし、ここでは、気圧中心と低気圧性循環の中心は一致するものとする。

　　② ①を選んだ理由を、風向の時系列および気圧の時系列について、それぞれ50字、40字程度で述べよ。

　　③ ①で答えた経路と久米島および名護の気圧の時系列を用いて、台風の移動の速さを5km/h刻みで答えよ。

　　④ 9時の台風中心の位置を、台風が久米島に最も近づいた地点からの8方位とそこからの5km刻みの距離で答えよ。ただし、台風の移動の速さは③の解答を使用せよ。

⑤ 名護で6時〜15時における最大瞬間風速を観測した時刻の、名護から台風中心までの距離を5km刻みで答えよ。ただし、台風の移動の速さは③の解答を使用せよ。

⑥ 名護で6時〜15時における最大瞬間風速を観測した時刻の、瞬間風速と平均風速との比率(突風率)を、四捨五入により小数第1位までの数値で答えよ。

⑦ 図13を用いて、粟国における最大1時間降水量を、四捨五入により、10mm刻みの整数で答えよ。

問4 図1〜図6、図9を用いて、16日の沖縄本島地方の防災事項に関する以下の問いに答えよ。

(1) 16日の沖縄本島地方の防災事項に関して述べた次の文章の空欄(①)〜(⑤)に入る適切な数値または語句を答えよ。ただし、①は単位を含めた降水量を答え、②は図9の凡例にある数値に従い、例えば黄色のときは200mm、橙色は250mm、赤色は250mm以上と答え、③④は雨の強さの表現を予報用語で、⑤は風の強さの表現を予報用語で答えよ。

　　図5、図6によると、沖縄本島地方では、台風およびその周辺の暖かく湿った空気が流れ込んでくるため、16日9時までの前12時間に最大(①)の降水量が予想されている。一方、図9のメソモデルでは最大(②)が予想される地域もある。
　　図は示していないが、メソモデルの1時間最大降水量に基づくガイダンスによると、1時間に50mm以上の(③)雨が降り、局地的には1時間に80mm以上の(④)雨が予想されている。このため、16日の沖縄本島地方は、大雨による災害に厳重な警戒が必要である。
　　また、台風中心から少し離れたところでも大気の状態が不安定となって積乱雲が発達するため、大雨以外にも、災害を伴うことの多い大気現象が起こるおそれがある。
　　図1によると、16日には(⑤)風が吹くおそれがあり、うねりを伴った高波に警戒し、強風に注意する必要がある。

(2) (1)の下線部に該当する大気現象を2つ答えよ。

図1

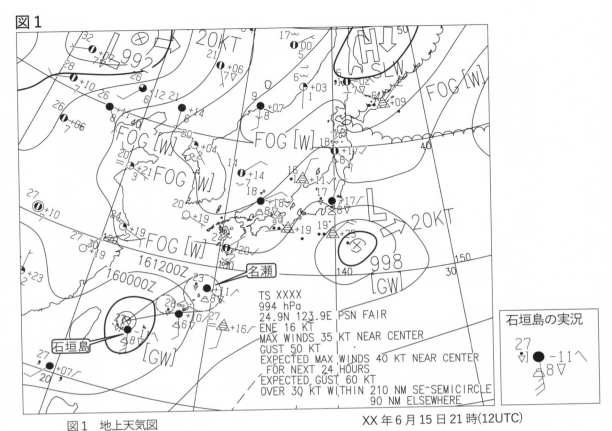

TS XXXX
994 hPa
24.9N 123.9E PSN FAIR
ENE 16 KT
MAX WINDS 35 KT NEAR CENTER
GUST 50 KT
EXPECTED MAX WINDS 40 KT NEAR CENTER
FOR NEXT 24 HOURS
EXPECTED GUST 60 KT
OVER 30 KT WITHIN 210 NM SE-SEMICIRCLE
90 NM ELSEWHERE

石垣島の実況

図1　地上天気図　　　　　　　　　　　　　　　XX 年 6 月 15 日 21 時(12UTC)

実線、破線：気圧(hPa)

矢羽：風向・風速(ノット)(短矢羽：5 ノット、長矢羽：10 ノット、旗矢羽：50 ノット)

図2

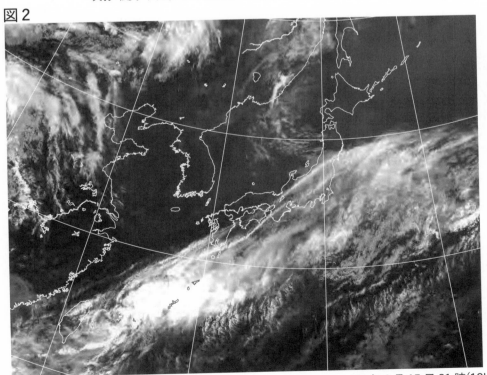

図2　気象衛星赤外画像　　　　　　　　　　　　XX 年 6 月 15 日 21 時(12UTC)

図3

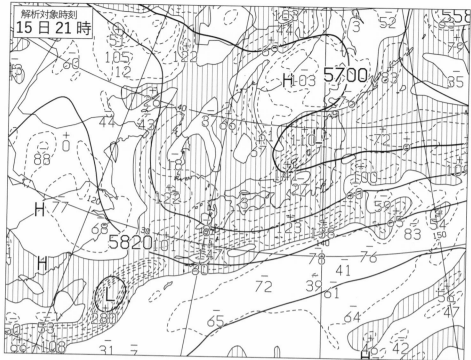

図3　500hPa 高度・渦度解析図　　　　　　　XX 年 6 月 15 日 21 時（12UTC）
太実線：高度(m)、破線および細実線：渦度(10⁻⁶/s)（網掛け域：渦度＞0）

図4

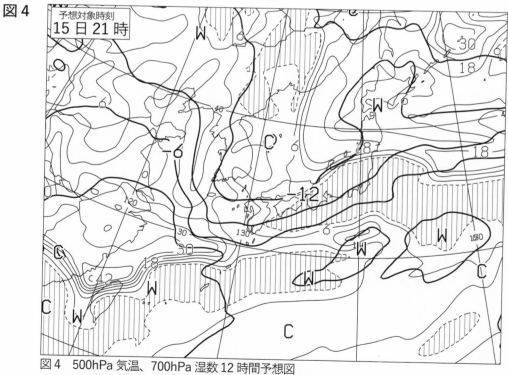

図4　500hPa 気温、700hPa 湿数 12 時間予想図
太実線：500hPa 気温(℃)、破線および細実線：700hPa 湿数(℃)（網掛け域：湿数≦3℃）

初期時刻　XX 年 6 月 15 日 9 時（00UTC）

図5

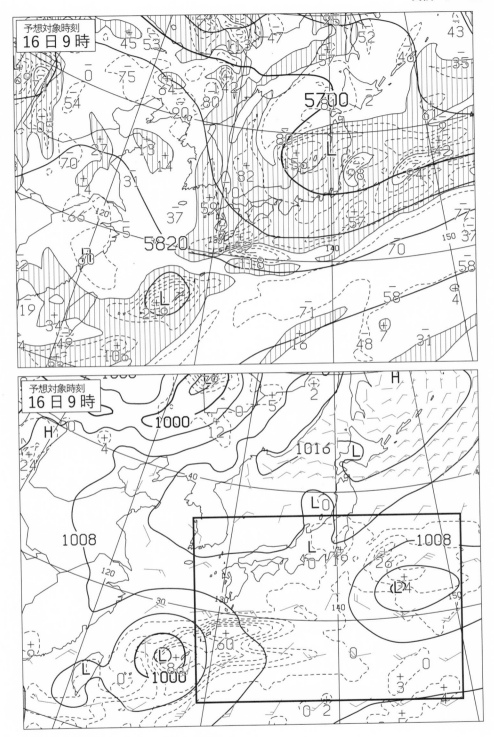

図5　500hPa 高度・渦度 12 時間予想図（上）
　　　太実線：高度(m)、破線および細実線：渦度(10^{-6}/s)（網掛け域：渦度＞0）

地上気圧・降水量・風 12 時間予想図（下）
　　　実線：気圧(hPa)、破線：予想時刻前 12 時間降水量(mm)
　　　矢羽：風向・風速(ノット)（短矢羽：5ノット、長矢羽：10ノット、旗矢羽：50ノット）

初期時刻　XX 年 6 月 15 日 21 時(12UTC)

図6

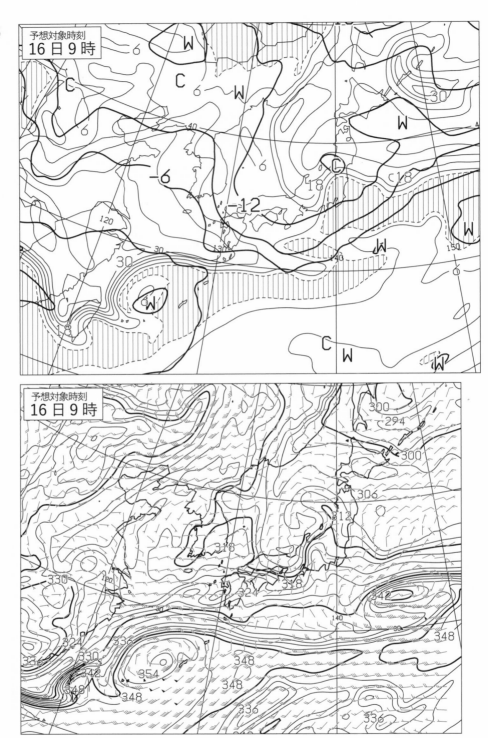

予想対象時刻
16日9時

予想対象時刻
16日9時

図6　500hPa 気温、700hPa 湿数 12 時間予想図（上）
　　　太実線：500hPa 気温(℃)、破線および細実線：700hPa 湿数(℃)(網掛け域：湿数≦3℃)
　　850hPa 相当温位・風 12 時間予想図（下）
　　　実線：相当温位(K)
　　　矢羽：風向・風速(ノット)(短矢羽：5 ノット、長矢羽：10 ノット、旗矢羽：50 ノット)
　　初期時刻　XX 年 6 月 15 日 21 時(12UTC)

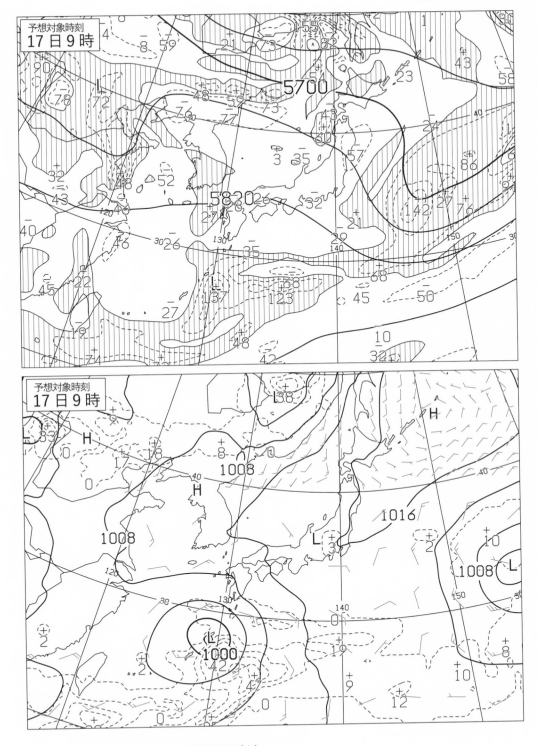

図7

予想対象時刻
17日9時

予想対象時刻
17日9時

図7　500hPa 高度・渦度 36 時間予想図（上）
　　　太実線：高度(m)、破線および細実線：渦度(10⁻⁶/s)(網掛け域：渦度＞0)

　　地上気圧・降水量・風 36 時間予想図（下）
　　　実線：気圧(hPa)、破線：予想時刻前 12 時間降水量(mm)
　　　矢羽：風向・風速(ノット)(短矢羽：5 ノット、長矢羽：10 ノット、旗矢羽：50 ノット)

　　初期時刻　XX 年 6 月 15 日 21 時(12UTC)

図8

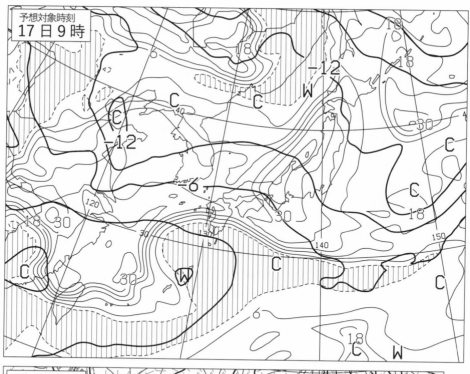

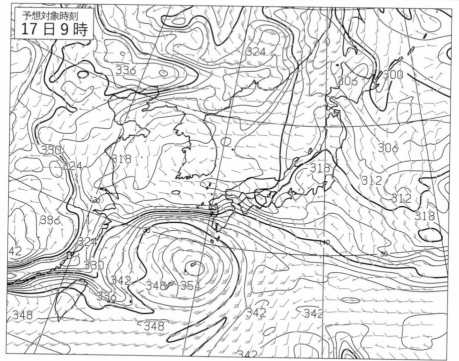

図8 500hPa 気温、700hPa 湿数 36 時間予想図(上)
太実線：500hPa 気温(℃)、破線および細実線：700hPa 湿数(℃)(網掛け域：湿数≦3℃)

850hPa 相当温位・風 36 時間予想図(下)
実線：相当温位(K)
矢羽：風向・風速(ノット)(短矢羽：5ノット、長矢羽：10ノット、旗矢羽：50ノット)

初期時刻 XX 年 6 月 15 日 21 時(12UTC)

図9

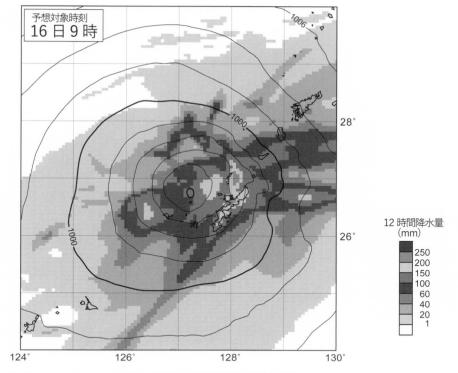

図9　メソモデルによる地上気圧・降水量12時間予想図
　　　　実線：気圧(hPa)、等圧線の間隔：2hPa
　　　　塗りつぶし域：予想時刻前12時間降水量(mm)(凡例のとおり)

　　初期時刻　XX年6月15日21時(12UTC)

図10

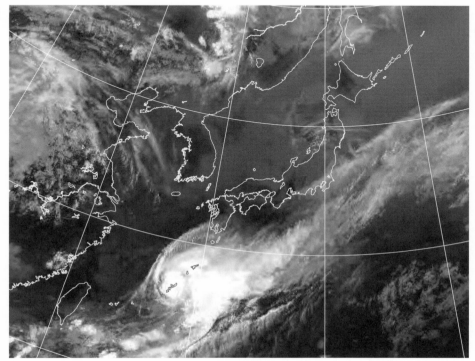

図10　気象衛星赤外画像　　　　　　　　　XX年6月16日9時(00UTC)

※この図は，カラーで出題されています．巻末を参照して下さい．

図11

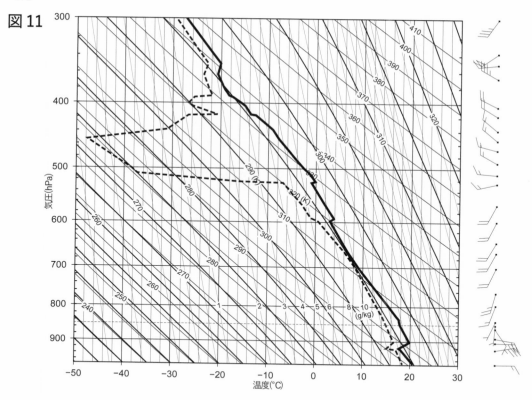

図11　名瀬の状態曲線と風の鉛直分布　　　　　　　XX年6月16日9時(00UTC)
　　　実線：気温(℃)、破線：露点温度(℃)
　　　矢羽：風向・風速(ノット)(短矢羽：5ノット、長矢羽：10ノット、旗矢羽：50ノット)

図12

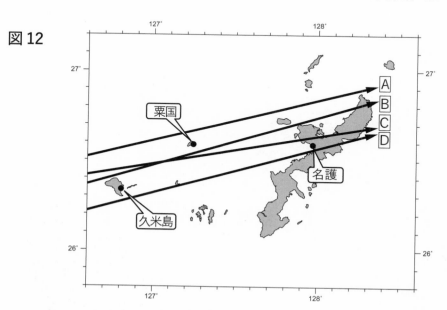

図12　沖縄周辺における台風の経路図
　　　矢印を付したA～Dの直線のいずれかが、台風の経路を示す。
　　　名護と久米島間の距離は120kmである。

図13

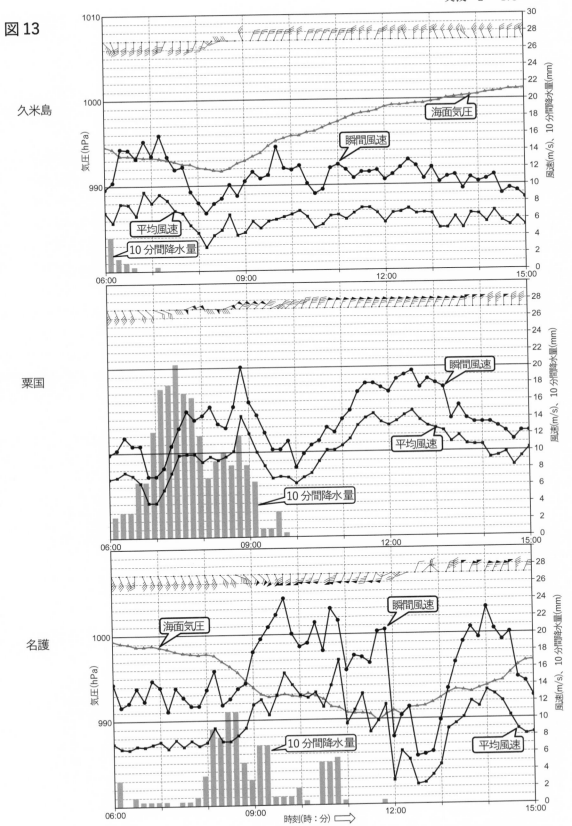

図13　気象要素の時系列図　　XX年6月16日6時(15日21UTC)〜15時(16日06UTC)
久米島(上)、粟国(中)、名護(下)
矢羽：風向・風速(m/s)(短矢羽：1m/s、長矢羽：2m/s、旗矢羽：10m/s)
瞬間風速：前10分間の最大瞬間風速、平均風速：前10分間の風速の平均値

解説　実技試験　2

　本問は，XX年6月15日〜17日の日本付近における気象の解析と予想に関する問題で，実際は2018年6月15日〜17日にかけての事例である．参考図2.1に2018年6月15日9時と16日9時の「日々の天気図」とコメントを示す．

　この期間は日本の南海上には梅雨前線が停滞しており，前線上の低気圧が伊豆諸島付近に解析されていた．台湾付近で発生した台風第1806号が先島近海から沖縄本島付近を通過し沖縄県粟国で1時間降水量103mmを，伊是名で日降水量312mmを観測し，共に観測史上1位の降水となった．

　本問では沖縄付近を通過した台風第1806号について，地上天気図・気象衛星赤外画像（以下赤外画像）・高層実況図などから台風が温帯低気圧に遷移する過程を問う設問，地上実況の変化から台風の移動速度などを推定する設問，これらの各種予報資料から想定される降水量・最大風速などの予報用語の理解と，今後発生が想定される災害の想定などについて考察することを目的としている．

　問1は台風周辺の環境場を理解するため，地上天気図に記述されている各種情報を読み解く穴埋め問題，日本の東海上に解析されている低気圧の中心位置と500hPaの強風軸の位置から温帯低気圧の閉塞過程を把握する設問，台風の中心位置と500hPaの中心位置の位置関係を問う設問，赤外画像での台風中心の雲域の特徴を説明する設問，台風中心付近の500hPa面の気温分布および700hPa面の乾湿の分布の特徴を説明する設問などから，台風の立体的な構造を理解するとともに，温帯低気圧との構造の違いを把握する問題となっている．

　問2は12時間予想図と36時間予想図から，この間の台風の変化および36時間後の台風の特徴など台風の温帯低気圧化の判断に関する設問で，地上気圧の変化・700hPa面の乾湿の分布の変化・

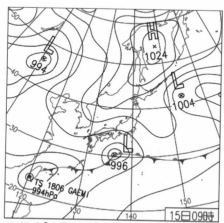

15日(金)台風第6号発生
前線上の低気圧が伊豆諸島付近へ東北東進。オホーツク海高気圧は南に張出す。西〜北日本日本海側と九州〜四国で晴れた他は曇りや雨。沖縄県奥で53.5mm/1hの非常に激しい雨。

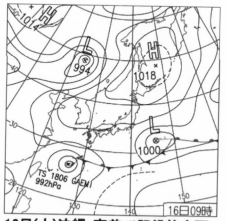

16日(土)沖縄・奄美で記録的大雨
台風は沖縄本島付近を通過。沖縄県粟国の103mm/1h、伊是名の日降水量312mmは共に観測史上1位の値。鹿児島県与論島の90.5mm/1hと日降水量285.5mmは共に6月1位の値。

参考図2.1　2018年6月15日9時・16日9時の「日々の天気図」（気象庁HPより）

850hPa 面の相当温位の変化，地上中心と 500hPa 面と中心位置の傾き・850hPa 面の相当温位の極大域の位置・500hPa 面の気温分布と温度傾度の特徴などから，温帯低気圧遷移期間に現れる特徴を把握する設問と，全球モデルとメソモデルの降水量の特徴の違いと中心気圧および 996hPa 等圧線の変化を説明する問題となっている．

　問 3 は赤外画像と名瀬の状態曲線から台風中心付近の衛星画像の変化と状態曲線での前線性逆転層の位置とその上下の層での温度風を理解し，日本の東海上の温帯低気圧に伴う閉塞前線および寒冷前線を描画する設問と，久米島・粟国・名護の地上実況の変化から，台風の通過位置や移動速度などを解析する問題となっている．

　問 4 は台風の接近・通過に伴う暴風や大雨について，気象用語での表現を問う設問と災害の発生が想定される大気現象について理解する問題となっている．

　台風の接近・通過により多種多様な気象災害が発生するため，的確な防災情報を発表するためには，各種実況資料（天気図・衛星画像・観測データ等）からの実況の把握，予報資料から台風の接近・通過に伴う気象現象や気象災害および温帯低気圧への変化に伴う気象災害の変化などを適切に把握することが非常に重要で，本問は天気予報のシナリオの理解や解説に必要な情報の確認手順を示したものと考える．

問 1 の解説

　問 1 は 6 月 15 日 21 時の実況資料と 16 日 9 時・17 日 9 時を対象時刻とした予想資料から日本付近の気象概況を理解し，石垣島付近の台風並びに日本の東海上の温帯低気圧の立体構造を把握すると共に，各予想図の気圧や湿数・高相当温域の変化などから台風が温帯低気圧に変化する期間の特徴について考察する問題となっている．

　(1) は地上天気図の情報を正しく理解する穴埋め問題，(2) は日本の東海上の温帯低気圧について地上天気図の中心位置と 500hPa 強風軸の位置関係から閉塞過程を問う設問，(3) は台風中心位置が地上から 500hPa にかけて傾いているかを問う設問，(4) は赤外画像から台風の中心とその周辺の雲域について雲の種類に言及して説明する設問，(5) は各予想図から台風中心付近の 500hPa 面の気温分布の特徴並びに 700hPa 面の乾湿の分布の特徴を説明する設問で，台風の構造と温帯低気圧の構造の違いを解析する能力が問われている．

問1(1) の解説

　地上天気図に記載されている情報を正確に理解する設問である．参考図 2.2 に図 1 に各情報の説明記号などを付記したもの，参考表 2.1 に「地上天気図の記号の説明」，参考表 2.2 に「海上警報の種類」，参考図 2.3 に「観測実況値の記入型式」，参考表 2.3 に「天気記号　現在天気」，参考表 2.4 に「現在天気（ww）の数字とその解説」を示す．

　参考表 2.1 から地上天気図では低気圧や高気圧などの中心位置は「×」で，中心気圧や移動方向・速度はその近くに図・数字で示すこととなっているが，台風については緒元の一覧をまとめて天気図

内に表示することとなっており，今回の場合は図1の右下の破線内（参考図2.2の右下，その下部に説明を追記）に示されている．これより石垣島付近の台風の中心気圧は①994hPa，移動方向は東北東，移動速度は16ノットと判断できる．この台風の24時間後の予報円の直径は，下記に説明する天気図から距離や移動速度を計算する手順を元に，北緯20度〜北緯30度の長さは約45mm（実際の試験用紙で実測した長さ，以下同じ）で，24時間予報円の直径が約11.5mm（参考図2.2参照）であることから，11.5mm/45mm × 600海里＝150海里のため，直径②150海里となる．なお台風の予報円はそれぞれの予報時間で台風の中心が入る確率を③70%と定義しており，予報円の大きさについて

参考図2.2　図1に各情報の説明などを追記

参考表 2.1　地上天気図の記号の説明（気象庁 HP より）

《　天気図中の記号の説明　》

記号	解説
気圧（1018などの数字）	大きい高気圧や低気圧などの中心気圧（hPa） ただし、等圧線（太線）に沿った数字はその等圧線が示す気圧（hPa）
速度（20KTなどの数字）	高気圧や低気圧などの速度（ノット）
⑦　⇦	高気圧や低気圧などの移動方向

参考表 2.2　海上警報の種類（気象庁 HP より）

記号	英文	和文	発表基準
⑪ FOG[W]	FOG WARNING	海上濃霧警報	視程(水平方向に見通せる距離)0.3海里(約500m)以下 ⑫
[W]	WARNING	海上風警報	熱帯低気圧による風が最大風速28ノット以上34ノット未満
⑥ [GW]	GALE WARNING	海上強風警報	最大風速34ノット以上48ノット未満
[SW]	STORM WARNING	海上暴風警報	最大風速48ノット以上
[TW]	TYPHOON WARNING	海上台風警報	台風による風が最大風速64ノット以上

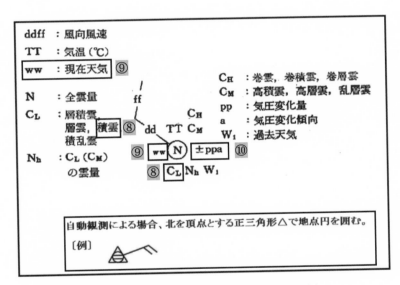

参考図 2.3　観測実況値の記入型式（気象庁 HP より）

参考表 2.3　天気記号　現在天気（気象庁 HP より）

《　天気記号（現在天気 ww,wawa）　》

現在天気を次の表の天気記号で記入します。有人観測所の現在天気はww、自動観測所の現在天気はwawaの表を用います。

参考表 2.4　現在天気（ww）の数字とその解説（気象庁 HP より）

⑨ | ww＝20～29は観測時前1時間内に観測所に降水，霧，氷霧又は雷電があったが，観測時にはない場合に使用。

wawa＝20～26：観測時前1時間内に観測所に降水，霧，氷霧又は雷電があったが，観測時にはない場合に使用。

現在天気	wwの解説	wawaの解説
20	（しゅう雨性ではない）霧雨又は霧雪があった。	霧があった。
21	（しゅう雨性ではない）雨があった。	降水があった。
22	（しゅう雨性ではない）雪があった。	霧雨又は霧雪があった。
23	（しゅう雨性ではない）みぞれ又は凍雨があった。	雨があった。
24	（しゅう雨性ではない）着氷性の雨又は着氷性の霧雨があった。	雪があった。
⑨ 25	しゅう雨があった。	着氷性の霧雨又は着氷性の雨があった。
26	しゅう雪又はしゅう性のみぞれがあった。	雷電があった（降水を伴ってもよい）。

は4〜5年ごとに見直しを行っている（「台風に関する用語」気象庁HPより）．

予報円	台風や暴風域を伴う低気圧の中心が予報時刻に到達すると予想される範囲を円で表したもの。
	備考　台風や低気圧の中心が予報円に入る確率はおよそ70％である。

　この台風の中心付近の最大風速は④ 35 ノットで，今後 24 時間以内に最大風速⑤ 40 ノットに発達すると予想されており，この台風に対して⑥海上強風警報が発表されている．

　日本の東には中心気圧 998hPa の温帯低気圧があって⑦東北東へ 20 ノットで進んでいる．石垣島の地上観測の現在天気によると，下層雲の雲型は雄大積雲で，現在天気は「25」であり，前 1 時間以内にしゅう雨性降水が観測されたことから，⑧対流雲から⑨前 1 時間以内に降水があり，過去 3 時間の気圧変化量は⑩ − 1. 1hPa となっていることが読み取れる．

　日本海や東シナ海には⑪海上濃霧警報が発表されており，その発表基準は視程⑫ 0.3 海里以下である．

【天気図で距離や地上低気圧等の移動速度の推定手順】

⑦緯度 1 度の距離が 60 海里（緯度 1 分が 1 海里）であることを利用し，距離や移動速度を推定する　低気圧等付近の緯度 10 度（または 20 度）の長さを天気図で計測する．

①天気図上で低気圧等の移動距離を推定し，天気図上でその間の長さを計測し，⑦との比から実際の移動距離（海里）を求める．

⑦天気図の解析時間間隔から移動距離を時間で割り，平均移動速度を推定する

①1 ノットは 1 時間に 1 海里進む速さの単位のため，移動速度をノットで求める場合は移動距離（海里）を時間で割り，移動速度を m/s（km/h）で求める場合は，1 海里は約 1852m であることを利用して換算する．

問1（2）の解説

　日本の東海上の温帯低気圧について，500hPa の強風軸との位置関係を選択肢から選ぶ問題である．

　500hPa の強風軸は渦度 0 線と一致するため，参考図 2.4 に図 3 の 500hPa 解析図の 5820m 付近の

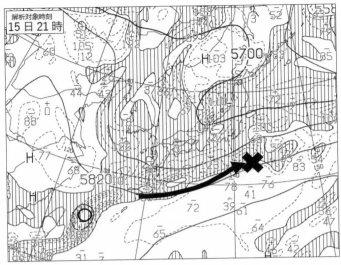

参考図 2.4　図3に500hPaの渦度0線（強風軸）を矢印で，地上低気圧中心を✖で追記 地上の台風中心を直径100km（約4mm）の◯で追記

渦度図0線を太矢印，図1の地上低気圧中心を✖で追記したものを示す.

　この図から地上低気圧中心は500hPaの強風軸の(2)「ほぼ真下」に位置することがわかる.

問1(3)の解説

　台風の中心位置を地上天気図と500hPa天気図で確認し，その鉛直方向の傾きの方向を考察する設問である.

　参考図2.4に地上天気図の台風中心から半径50kmの範囲（半径約2mm）を◯で示す.（緯度1度が約110kmのため，半径50kmは図中では半径約2mmの円となる.以下同様に計算.）

　この図から15日21時では台風の中心位置は地上天気図（◯の位置）と500hPa天気図（Lの位置）でほぼ同じ場所（半径50km以内）に解析できるため，500hPaの中心位置は地上の台風中心のほぼ直上にあり，傾きは(3)「ほぼ鉛直」と解析できる.

問1(4)の解説

　赤外画像から地上の台風中心とその周辺の雲域の特徴を雲の種類（層状雲または対流雲）および雲頂高度に言及して説明する設問である.

　参考図2.5に図2に台風の中心位置を◯で追記したものを示す.赤外画像は，雲などの赤外放射輝度温度（以下輝度温度とする）を画像にしたもので，白く輝いて見える領域は，輝度温度が非常に低く，雲頂高度の高い積乱雲または厚い上層雲が集中した領域で，白と灰色の混ざった領域は雲頂高度の高い積乱雲や上層雲と雲頂高度の低い中・下層雲が混在している領域と解析できる.また層状の雲域は水平方向に輝度温度の差が少なく，同じ輝度の雲域が広がって濃淡の差が少なくのっぺり見える.この時刻の赤外画像では，台風中心付近の円内の北東側は白く輝いた領域で，中心と南西側は白と灰色が混ざった領域のため，共に層状性の雲ではなく対流性の雲域と判断でき，その内北東側の雲

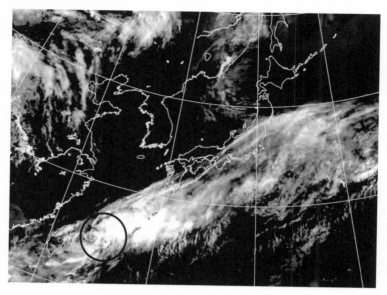

参考図2.5　図2に台風中心位置を **○** で追記

域の方が輝度温度は低く，より発達していると判断できる．

　このため解答は，(4)「<u>台風中心と南西側は雲頂高度の低い対流雲，北東側は雲頂高度の高い発達した対流雲が多く分布している．（48字）</u>」となる．

問1（5）の解説

　図4の15日21時を対象とした500hPa気温・700hPa湿数12時間予想図から地上の台風中心から200km以内の500hPa面の気温分布の特徴および700hPa面の乾湿分布の特徴を説明する設問である．

　参考図2.6に地上の台風中心から半径200km（約8mm）の範囲を **○** で追記したものを示す．

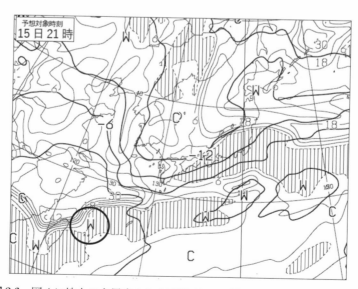

参考図2.6　図4に地上の台風中心から直径200km（約16mm）の範囲を **○** で追記

500hPa面の気温分布では，○の中心付近に「W」マークが付記されていることから中心付近に気温の極大域があり，その周辺の−3℃の等温線も面積が広いため周辺の温度傾度は少なく，円内の気温はほぼ一様であることが分かる．

また700hPa面の乾湿分布では，円の北西側は等湿数線が込んでいることから北西側には非常に乾燥した空気塊があり，北東側と南西側は湿数が3℃未満の湿潤域となっている．

このため解答は，気温分布の特徴：中心付近に気温の極大域があり，その周辺ではほぼ一様である．（29字），乾湿の分布の特徴：中心の北西側に乾燥域，北東側と南西側では湿潤域が広がる．（28字）となる．

問2の解説

500hPa高度・渦度，地上気圧・降水量・風，500hPa気温，700hPa湿数，850hPa相当温位・風の12時間および36時間予想図とメソモデルの12時間予想図から，この24時間の台風の変化と36時間後の台風の特徴並びに温帯低気圧化の判断について問う設問となっている．

問2(1)の解説

12時間後から36時間後にかけての台風の変化および36時間後の台風の特徴等，台風の温帯低気圧化の判断を行う問題で，①は12時間予想図と36時間予想図から，12時間後〜36時間後にかけての台風中心とその周辺の変化を，⑧は12時間後と36時間後の台風の中心気圧の変化を，ⓑは36時間後の700hPaの乾湿の分布について12時間後からの変化の特徴を，ⓒは850hPaの高相当温位域の形状の変化を問うている．

②は36時間後の台風中心とその周辺における気象について問う設問で，ⓓは問1(3)と同様に地上から500hPaにかけての台風中心の鉛直方向からの傾きを，ⓔは地上の台風中心から見て850hPa面の相当温位の極大がどの方向にあるかを，ⓕは地上の台風中心から200km以内の500hPa面の気温分布と温度傾度を説明する問題である．

①⑧について，図5（下）の12時間地上気圧予想図と図7（下）の36時間地上気圧予想図を比較すると，地上天気図の等圧線は4hPa単位で描画されているため，12時間予想図の中心気圧は996hPa〜992hPaの間にあり，36時間予想図も同様に996hPa〜992hPaの間にあり，その間の変化量は4hPaより少なく，4hPa単位では差が無く中心気圧の変化量は①⑧0hPaとなる．この間の低気圧としての発達・衰弱はあまり明瞭ではない．

①ⓑについて，図6（上）の700hPa湿数12時間予想図と図8（上）700hPa湿数36時間予想図を比較すると，12時間予想図では，湿潤域は台風中心付近に同心円状に存在しているが，36時間予想図では北東方向の湿潤域は拡大するものの南西側は乾燥域となっている．台風の温帯低気圧過程では，寒気が台風の中心付近まで流入するため，西側等からの乾燥域が中心に向かって移流し始めていることは，温帯低気圧への変化の判断として考えられ①ⓑ台風中心からみて南西側では乾燥域が広がり，北東側は全体が湿潤域となる．（35字）

182

①ⓒについて，図6（下）の850hPa相当温位・風12時間予想図と図8（下）850hPa相当温位・風36時間予想図の台風中心付近を比較すると，12時間予想図では高相当温位域は北東方向から南西方向に長径を持つ楕円状となっているが，36時間予想図では円形に近い形となっている．台風が温帯低気圧に変化する時には等圧線や等温位線は円形度が低くなるが36時間予想図では，<u>①ⓒ楕円状から円に近い形に変化している．（18字）</u>よって等相当温位線からは温帯低気圧化の兆候は見られないと言える．

②ⓓについて，参考図2.7に図7（上）の500hPa天気図に図7（下）の地上の台風中心を半径50km（約4mm）の○で追記したものを示す．この図から500hPaの台風中心は地上中心より<u>②ⓓ南東（東）</u>に位置していることがわかる．

②ⓔについて，参考図2.8に図8（下）の850hPa天気図に図7（下）の地上の台風中心を半径50km（約4mm）の○で追記したものを示す．この図から850hPa面の相当温位の極大域は地上中心の<u>②ⓔほぼ同じ位置</u>にあり，まだ地上中心の直上に高相当温位域が存在し，鉛直シアの増加や低相当温位域の流入は見られず温帯低気圧化の兆候とは言えない．

②ⓕについて，参考図2.9に図8（上）に図7（下）の地上の台風中心を半径200km（約16mm）の○で追記したものを示す．この図からは，500hPaの気温の極大域は地上中心の直上またはわずかに南西側に解析でき，また中心の西側の等温線の間隔が広く温度傾度が緩やかで，<u>②ⓕ中心（のわずかに南西）付近に極大があり，そこからの温度傾度はゆるやかである．（28字）</u>よって，まだ温帯低気圧化の兆候は見られない．

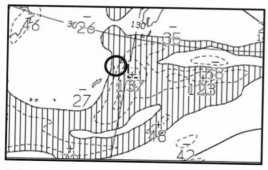

参考図2.7　図7（上）に図7（下）の地上の台風中心を半径50km（約4mm）の○で追記

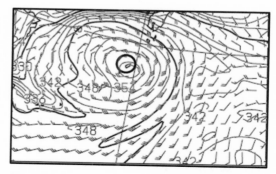

参考図2.8　図8（下）に図7（下）の地上の台風中心を半径50km（約4mm）の○で追記

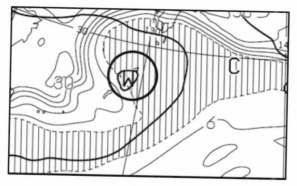

参考図2.9　図8（上）に図7（下）の地上の台風中心を半径200km（約16mm）の○で追記

問2(2) の解説

　問2(1)で考察した⑧・⑥・ⓒ・ⓔ・ⓕについて，台風が温帯低気圧に変化するときにみられる特徴としてみなせるものを選択する問題である．

　通常の台風は水蒸気が凝結して雲になるときに出す熱（潜熱）をエネルギーにし，熱帯や亜熱帯の海上で発生する．またその発達には，鉛直シア（下層と上層の風向風速差）が小さいこと，周辺の大気が湿っていること，赤道からある程度離れていることなどが条件となる．なお鉛直シアが小さい場合，台風の中心付近の雲域は円形度を保ちながら発達するため，中心付近の等圧線や高相当温域などは円形に近い形状を保つ．一方，温帯低気圧は，寒気と暖気との境となる中緯度で発生・発達し，多くの場合前線を伴っており，南北または東西方向の温度差により発達するため，中心付近の等圧線や高相当温域も円形ではなく楕円形状となっている．

　台風は温帯域まで北上すると，周辺の空気との間に温度差が生じるため，台風域内の暖気と周辺の寒気が混ざり始めて前線が形成され，台風としての性質が徐々に失われ，最終的には，温帯低気圧に変化する．台風は温帯低気圧に変化しながら衰弱する場合もあるが，温帯低気圧として発達する要因が強ければ，再発達をはじめ，台風であった時よりも強い強度（最大風速・中心気圧）になる場合もある．

　これらの台風と温帯低気圧の特徴から，⑧は気圧の増減（発達・衰弱）のみの変化であり台風が温帯低気圧に変化する特徴としてはみなせないと言える．

　⑥は台風の西側から中心付近まで乾燥域が流入しているので温帯低気圧に変化する時の特徴と言える．

　ⓒは，36時間予想の方が850hPaの高相当温位域の形状が円形に近くなっているので，これも温帯低気圧に変化する時の特徴とは言えない．

　ⓔは，地上の台風中心と850hPa面の相当温位の極大域がほぼ同じ場所に存在するため，鉛直シアが増している，または低相当温域の流入が見られるとは言えず，温帯低気圧に変化する時の特徴ではない．

　ⓕは地上の台風中心の直上に500hPa面の気温分布の極大があり，周辺部の温度傾度は緩やかであることから，鉛直シアの強化や寒気移流などの兆候は見られず，温帯低気圧に変化する時の特徴とは言えない．したがって，解答は(2)⑥となる．

問2(3) の解説

　台風中心付近の地上気圧および降水量予想について全球モデルとメソモデルとの違いについて，①中心から200km以内の前12時間降水量の分布についてメソモデルではみられるが全球モデルでは見られない特徴を，②はメソモデルでの台風の中心気圧と996hPa以下の領域の広さについて全球モデルとの違いを説明する問題である．

　参考図2.10に全球モデルとメソモデルの台風中心付近の拡大図を示す．全球モデルの前12時間降水量は台風中心のすぐ東側に86mmの降水域の極大域が円形に計算されているが，メソモデルでは台風中心の東側に200〜250mmの極大域があり，そこから南側に帯状の降水域が計算されている．また全球モデルの中心気圧は996hPaで，996hPaの等圧線は1°程度と狭いが，メソモデルの中心気圧は990hPaと全球モデルより低く，また996hPaの等圧線の範囲も約1.5°以上でより広く計算されている．

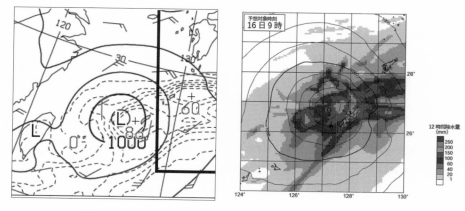

参考図2.10　図5（下）の台風中心付近の拡大図と図9の比較

　このため解答は，①メソモデルでは，台風中心の東側に，強い降水域が南北方向に帯状にのびている．（37字），②中心気圧：<u>低い</u>　領域の広さ：<u>広い</u>　となる．

問3の解説

　赤外画像，名瀬の状態曲線と風の鉛直分布図，沖縄周辺の台風の経路図，久米島・粟国・名護の時系列図などから，台風の中心付近の雲域の変化の特徴を説明する設問，名瀬の状態曲線から逆転層やその高度の温度移流の種類を問う設問，日本の東の低気圧の前線・寒冷前線・停滞前線を描画する設問，地上実況の時系列図から台風の経路や台風の移動速度と距離などを計算する設問，名護での瞬間最大風速の突風率および粟国の最大1時間降水量を計算する設問となっている．

問3（1）の解説

　16日9時の赤外画像の台風中心付近の雲域について15日21時からの変化の特徴を，雲頂高度および雲の種類（対流雲または層状雲）に言及して説明する問題である．

　参考図2.11に図2と図9の赤外画像の台風中心付近の拡大図に各時刻の台風中心位置を○で追記したものを示す．この図から，雲頂高度の高い対流雲は15日21時には中心付近にまとまって分布していたが，6日9時には中心のやや東側に移動したと解析できる．

　このため解答は<u>雲頂高度の高い対流雲が中心のやや東側にまとまった．</u>（25字）となる．

問3（2）の解説

　①名瀬の状態曲線から2つの前線性逆転層の上端の高度（10hPa刻み）とそれぞれの逆転層の上下各50hPa内の範囲の温度移流を問う設問と，②750hPa～550hPaおよび550hPa～450hPaについて温度移流の状況とその方向を問う設問となっている．

　①は，まず逆転層の種類（接地・沈降性・前線性）の判断する必要がある．接地逆転層は地面付近の放射冷却により発生するため地面付近から逆転層が観測されること，沈降性逆転層は高気圧などの

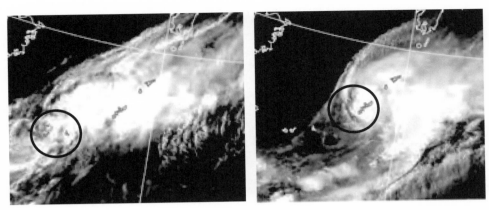

参考図 2.11　図 2 と図 9 の赤外画像の台風中心付近の拡大図に各時刻の台風中心位置を ○ で追記

下降流により空気が沈降し断熱圧縮・昇温することで逆転層が発生するため逆転層の上端より上は非常に乾燥しており逆転層付近の温度風は暖気移流・寒気移流ともあまり明瞭ではないこと，前線性逆転層は寒気と暖気の境界で発生するため概ね逆転層の上端から上は湿潤となっており，温暖前線面付近の温度風は暖気移流，寒冷前線面付近の温度風は寒気移流となっていることが特徴となっている．

　参考図 2.12 に図 11 に下層から@ⓑⓒⓓの 4 つの逆転層の上端の位置を実線で示す．このうち@は逆転層の下端から上端で湿数に大きな変化はないものの，上下各 50hPa 内の風向（図中右端に□で囲む，以下同じ）は下層から東北東→東→東南東→南東→南南西と時計回りに大きく変化していることから温度風は強い暖気移流を示しており温暖前線面と判断できる．同様にⓓは逆転層の下端から上端で湿数に大きな変化はないものの，上下各 50hPa 内の風向は下層から西北西→西→西南西→南西と反時計回りに大きく変化していることから温度風は寒気移流で寒冷前線面と判断できる．一方ⓒは 550hPa～450hPa の風向は下層から西南西→西→北西→西北西と途中まで時計回りに変化しており，

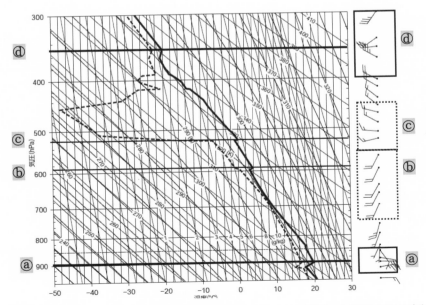

参考図 2.12　図 11 に@ⓑⓒⓓの逆転層の位置とその上下の範囲の矢羽根を□で追記

暖気移流で風は東向きとなっているものの，逆転層の上端から上は非常に乾燥しており明瞭な沈降性逆転層であることがわかる．最後に⑥は750hPa～550hPaの風向は下層から上層まで全て南南西で温度移流はほとんどなく，逆転層の下端から上端で湿数がやや大きくなり乾燥していることから，沈降性逆転層であると判断できる．

　したがって解答は，(2)①下の逆転層　高度：900hPa，移流の種類：<u>暖気移流</u>，上の逆転層　高度：<u>350hPa</u>，移流の種類：<u>寒気移流</u>，②750hPa～550hPa：<u>温度移流はほとんどない．</u>　550hPa～450hPa：<u>東に暖気が移流している．</u>　となる．

問3(3)の解説

　(2)の解析結果と図6（下）の850hPa相当温位・風12時間予想図を参考にして，図5（下）の日本の東の低気圧に伴う前線および低気圧に伴う寒冷前線とつながって西にのびる停滞前線を描画する設問である．

　問1(2)で説明したように，日本の東海上の温帯低気圧は，15日21時の時点で，地上低気圧中心が500hPaの強風軸のほぼ真下に位置している．通常寒冷型閉塞では上層トラフが地上低気圧中心のすぐ西側まで接近し，強風軸（渦度0線）の直下に閉塞点が解析できるタイミングで閉塞過程に入ることから日本の東海上の低気圧は15日21時には閉塞過程に入っており，中心から東側には閉塞前線が解析されることとなる．なお閉塞点の位置については，850hPa予想図で東経145°～150°まで東西方向のシアラインが明瞭であることから東経150°以東にあると推定できる．一方日本の南海上の北緯30°付近では，850hPa予想図で，345K以上の高相当温位の南西流が明瞭で，この暖気移流の北側の北風との間で寒冷前線を形成していると考えられる．なお図11で解析されたように名護付近の鉛直断面図では，900hPa付近に温暖前線面に対応する逆転層が形成されており，東経135°付近から西ではこの寒冷前線とつながると考えられるため，東経135°以西では停滞前線として解析するのが妥当と考えられる．このため参考図2.13（左）の850hPa予想図に解析した前線と地上天気図の降水域を参考に，前線等を参考図2.13（右）に示す．

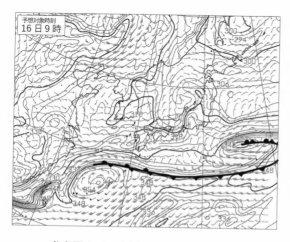
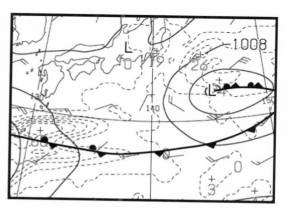

参考図2.13　左図：図6（下）の850hPa12時間予想図に850hPa面の前線を解析
　　　　　　　右図：図5（下）の地上12時間予想図に850hPaの前線を参考に地上前線を描画

問3(4)の解説

　図12の沖縄周辺における台風の経路図と図13の久米島・粟国・名護の気象要素の時系列図から，台風の経路として適切なものを選択する設問，②はその理由を説明する設問，③は①で選択した経路と久米島および名護の気圧の時系列から台風の移動速度を計算する設問，④は9時の台風の位置を台風が久米島に最も近づいた地点からの方位と距離で示す設問，⑤は名護で6時〜15時における最大瞬間風速を観測した時刻の名護から台風中心までの距離を計算する設問，⑥は名護で6時〜15時における最大瞬間風速を観測した時刻の突風率（瞬間風速／平均風速）を計算する設問，⑦は図13の時系列図から粟国における最大1時間降水量を10mm刻みの整数で計算する設問，となっている．

　①・②は，最初に台風が接近した久米島では，海面気圧の最低（992hPa）を観測した8時30分前後の風向は南→南西→西→北北西→北北東と時計回りの変化を示していることから（参考図2.14の久米島の□），台風の中心は8時30分頃に久米島の北側を通過した（久米島が台風の経路の右側に位置した）と判断できる．次に台風が接近した粟国では，8時30分頃〜9時30分頃にかけて，風向が東→東北東→北東と反時計回りの変化を示したため（参考図2.14の粟国の□），台風の中心は粟国の南海上を通過した（粟国が台風の経路の左側に位置した）と判断できる．最後に台風が接近した名護では，海面気圧の最低（990hPa）を観測した11時40分前後に風向が南南西→南西→西南西→北北東と時計回りの変化を示したため（参考図2.14の名護の□），11時40分頃に台風の中心は名護の北側を通過した（名護が台風の経路の右側に位置した）と判断できる．また海面気圧の最低は名護の方が久米島より低く，台風は久米島より名護の方がより接近して通過したと推測できる．以上の解析結果から台風の経路は©と推定できる．

(4)①　©

②風向の時系列：<u>粟国は反時計回りの変化で経路の左側，久米島と名護は時計回りの変化で経路の右側側と推定されるため．</u>（48字）

　　気圧の時系列：<u>名護は久米島より最低気圧が低く，台風中心がより近くを通過したと推定されるため．</u>（39字）となる．

　③は，①②で台風が©の経路で久米島の北海上から名護の北海上までの経過時間を計算すると，最低海面気圧の観測から久米島の北海上を通過したのは8時30分頃，名護の北海上を通過したのは11時40分頃で，経過時間は3時間10分となる．参考図2.15に©の経路で久米島最接近時（久米島から経路©に垂線を追記）と名護最接近時（名護から経路©に垂線を追記）の位置を○で，時刻を破線の先に示す．この○の間の長さは地図上で約60mmで，久米島から名護までの長さ（太破線で表示）も約60mm（同）で，この間の距離は120kmであるため，台風の移動速度は120km/3時間10分≒37.5km/hである．解答は移動速度を5km/h単位で答えるため，③ <u>40</u>（35）<u>km</u>となる．

　④は，9時の台風の中心位置が©の経路図のどこに位置するかを計算する必要がある．©の経路図は約60mmで，台風は190分かけてこの線上を移動したため，久米島最接近30分後の位置を計算すると，60mm×30分/190分＝9mmで約20kmの距離となる（移動速度が約40km/hで30分進むことから約20kmとする計算も可能）．参考図2.15に9時の台風中心を✖（図中左側）で，時刻を破線の先に示す（久米島の最接近位置から9mmの位置）．この位置は久米島最接近の○の位置から見て④ <u>東</u>，<u>20km</u>となる．

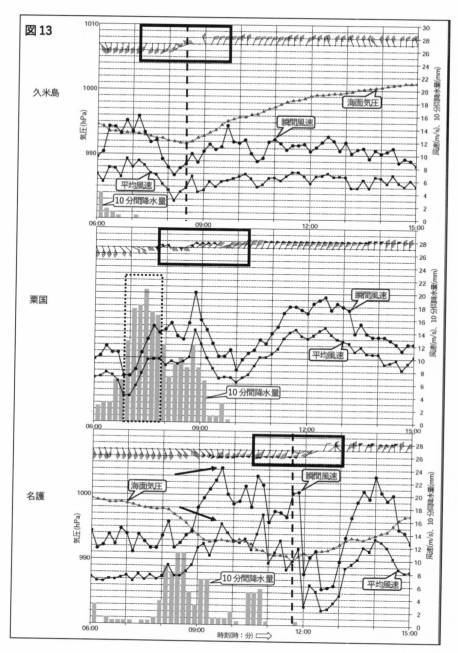

参考図 2.14　図 13 に久米島・粟国・名護の風向の変化を □ で，久米島と名護の最低海面気圧を太破線で，粟国の最大 1 時間降水量の出現時刻を細破線 □ で，名護の最大瞬間風速と最大風速を→で追記

　⑤・⑥は，名護で 6 時〜15 時における最大瞬間風速を観測した時刻は 9 時 40 分の 24.1m／s（最大風速 15.5m／s：参考図 2.14 の名護に→で示す）で，この時刻の台風の位置は 9 時の台風の位置から更に 40 分（12mm）東に進んだ地点となる．台風が名護に最接近するのは最低海面気圧の観測から 11 時 40 分と推定できるので，9 時 40 分の台風の位置と名護との距離は 2 時間× 40（35）km／h で⑤ 80（70）km となる．参考図 2.15 に 9 時 40 分の台風の位置を図中左から 2 つ目の ✖ で示す．また最大瞬

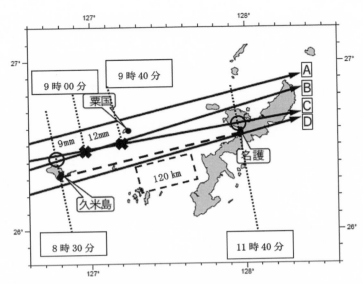

参考図 2.15 図 12 に久米島・名護の台風中心の最接近を〇と時刻で追記
〇は久米島・名護から©の経路に垂線を描画し決定，時刻は海面最低気圧の観測時刻
9 時 00 分と 9 時 40 分の台風中心の推定位置（✖）と図中の細破線間の長さ（mm）を追記
9 時の位置と 9 時 40 分の ✖ は久米島最接近からの経過時間と移動速度から計算

間風速は 24.1m/s，最大風速は 15.5m/s のため，突風率（最大瞬間風速／最大瞬間）は 24.1（m/s）/15.5（m/s）で⑥ 1.6（1.5）となる．

⑦は，粟国の最大 1 時間降水量は，6 時 50 分～7 時 50 分に観測されており（参考図 2.14　粟国の破線に破線□で示す），10 分間降水量は，12.5・17.5・18.0・20.5・17.0・16.5mm で，計 102.0mm となり，10mm 単位では⑦ 100mm となる．

問 4 の解説

　問 4 は 5 日 21 時の地上天気図，赤外画像，各種解析図と予想図を用いて沖縄本島付近の防災事項に関する問に答える設問で，(1)は防災事項に関する穴埋め問題，(2)は災害と伴うことの多い大気現象を答える問題となっている．

問4(1)の解説

　図 5 および図 6 から全球モデルとメソモデルでの降水量を比較する問題で，問 2(3)で説明したように参考図 2.10 より，全球モデルでは 86mm・メソモデルでは 200～250mm（橙色）の前 12 時間降水量計算されている．問題では，全球モデルの降水量はその値で，メソモデルの降水量はカラーバーを参考に，橙色は 250mm と解答することとしているため，① 86mm，② 250mm となる．

　③，④は雨の強さの表現の予報用語を答える問題で，③は 1 時間 50mm 以上，④は 1 時間 80mm 以上の降水に対する予報用語で，参考表 2.5（左）より③非常に激しい雨，④猛烈な雨となる．

参考表 2.5 現在天気（ww）の数字とその解説（気象庁 HP より）

1時間雨量(mm)	予報用語
10以上〜20未満	やや強い雨
20以上〜30未満	強い雨
30以上〜50未満	激しい雨
50以上〜80未満	非常に激しい雨
80以上〜	猛烈な雨

風の強さ(予報用語)	平均風速(m/s)
やや強い風	10以上15未満
強い風	15以上20未満
非常に強い風	20以上25未満
	25以上30未満
猛烈な風	30以上35未満
	35以上40未満
	40以上

　⑤は風の強さの予報用語を答える問題で，図1より台風の接近・通過に伴い，沖縄地方では24時間以内に最大風速40kt（20m/s）の最大風速が予想されるため，参考表2.5（右）より⑤非常に強い風となる．

問4（2）の解説

　台風の中心から少し離れたところでも大気の状態が不安定となって積乱雲が発達するため，大雨以外にも，災害を伴うことの多い大気現象を2つ答える問題となっている．ここでは「大気現象」限定しているため，土砂災害や浸水，洪水害は対象とならず，積乱雲の発達に伴い発生する気象現象となり，落雷・竜巻・激しい突風等が考えられる．なお気象現象としては，落雷は雷電となるので，参考表2.6より（2）雷電，竜巻（等の激しい突風）となる．

参考表 2.6 現在天気（ww）の数字とその解説（気象庁 HP より）

大気現象

記号	大気現象	記号	大気現象	記号	大気現象	記号	大気現象
●	雨	⇶	氷霧	✖	積雪	◑	日光冠
∿	着氷性の雨	＝	もや	⊟	結氷	♉	月光冠
❵	霧雨	＋	地ふぶき	)(	たつ巻	⬭	彩雲
∿	着氷性の霧雨	＋	低い地ふぶき	∞	煙霧	⌒	にじ
✳	雪	＋	高い地ふぶき	S	ちり煙霧	Ƙ	雷電
✳	みぞれ	＋	ふぶき	⊞	黄砂	⟨	電光
✕	雪あられ	⏇	露	⌇	煙	T	雷鳴
⌂	霧雪	⌐	凍露	⌇	降灰	⅄	しぶき
△	凍雨	⎵	霜	\$	風じん	⏢	寒冷前線
△	氷あられ	⅄	霜柱	\$	低い風じん	⏜	温暖前線
▲	ひょう	]	霧氷	\$	高い風じん	P	降水現象
↔	細氷	⅄	樹霜	⎌	砂じん嵐		
≡	霧	V	樹氷	⧖	じん旋風		
⩶	低い霧	⩔	粗氷	⊕	日のかさ		
⩵	地霧	∿	雨氷	⎍	月のかさ		

注 しゅう雨性降水の場合は、記号▽を用いて、▿、▿ 等のように表す。
注 現象記号に、方角と距離を付加することがある。方角は8方位(N、NE、・・・、NW)と天頂(Z)、距離はkmで表現している。

実技 2 解答例
((一財) 気象業務支援センター発表)

問1

(1) ① 994　② 150　③ 70

　　④ 35　⑤ 40　⑥ 海上強風

　　⑦ 東北東　⑧ 対流雲　⑨ 前1時間内に

　　⑩ −1.1　⑪ 海上濃霧　⑫ 0.3

12

(2)　ほぼ真下

1

(3)　ほぼ鉛直

1

(4)

台	風	中	心	と	南	西	側	は	雲	頂	高	度	の	低
い	対	流	雲	、	北	東	側	は	雲	頂	高	度	の	高
い	発	達	し	た	対	流	雲	が	多	く	分	布	し	て
い	る	。												

5

(5) 気温分布の特徴

中	心	付	近	に	気	温	の	極	大	が	あ	り	、	そ
の	周	辺	で	は	ほ	ぼ	一	様	で	あ	る	。		

4

実技　2　解答例
((一財) 気象業務支援センター発表)

(5) 乾湿の分布の特徴

中	心	の	北	西	側	に	乾	燥	域	、	北	東	側	と
南	西	側	で	は	湿	潤	域	が	広	が	る	。		

$\boxed{4}$

問2

(1) ① ⓐ ___0___ hPa

$\boxed{14}$

ⓑ
台	風	中	心	か	ら	み	て	南	西	側	で	は	乾	燥
域	が	広	が	り	、	北	東	側	は	全	体	が	湿	潤
域	と	な	る	。										

ⓒ
楕	円	形	か	ら	円	に	近	い	形	に	変	化	し	て
い	る	。												

② ⓓ ___南東（東）___

ⓔ ___ほぼ同じ___

ⓕ
中	心	（	の	わ	ず	か	に	南	西	）	付	近	に	極
大	が	あ	り	、	そ	こ	か	ら	の	温	度	傾	度	は
ゆ	る	や	か	で	あ	る	。							

$\boxed{2}$

(2) ___ⓑ___

実技　2　解答例
((一財) 気象業務支援センター発表)

(3) ①

メ	ソ	モ	デ	ル	で	は	、	台	風	中	心	の	東	側
に	、	強	い	降	水	域	が	南	北	方	向	に	帯	状
に	の	び	て	い	る	。								

6

② 中心気圧：　<u>低い</u>　　　　　領域の広さ：　<u>広い</u>

問3

(1)

雲	頂	高	度	の	高	い	対	流	雲	が	中	心	の	や
や	東	側	に	ま	と	ま	っ	た	。					

3

(2) ① 下の逆転層　高度：　<u>９００</u>　hPa　　移流の種類：　<u>暖気移流</u>

　　上の逆転層　高度：　<u>３５０</u>　hPa　　移流の種類：　<u>寒気移流</u>

12

② 750hPa〜550hPa：　<u>温度移流はほとんどない。</u>

　　550hPa〜450hPa：　<u>東に暖気が移流している。</u>

(3)

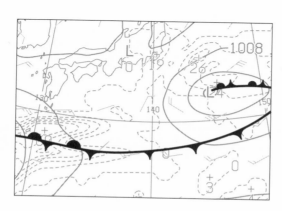

6

実技　2　解答例

((一財) 気象業務支援センター発表)

(4) ① ___C___　　　　　　　　　　　　　　　　　　　　23

② 風向の時系列

粟	国	は	反	時	計	回	り	の	変	化	で	経	路	の
左	側	、	久	米	島	と	名	護	は	時	計	回	り	の
変	化	で	経	路	の	右	側	と	推	定	さ	れ	る	た
め	。													

気圧の時系列

名	護	は	久	米	島	よ	り	最	低	気	圧	が	低	く
、	台	風	中	心	が	よ	り	近	く	を	通	過	し	た
と	推	定	さ	れ	る	た	め	。						

③ ___４０（３５）___ km/h

④ 台風が久米島に最も近づいた地点の ___東___、___２０___ km

⑤ ___８０（７０）___ km

⑥ ___1.6(1.5)___

⑦ ___１００___ mm

問4

(1) ① ___８６mm___　　② ___２５０mm___　　③ ___非常に激しい___　　　　5

④ ___猛烈な___　　⑤ ___非常に強い___

(2) ___雷電、竜巻(等の激しい突風)___　　　　　　　　　　　　　2

解 答 用 紙

気象予報士試験解答用紙
予報業務に関する一般知識

フリガナ	
氏　名	

受　験　番　号　欄

番号記入						
該当数字をマーク	⓪	⓪	⓪	⓪	⓪	⓪
	①	①	①	①	①	①
	②	②	②	②	②	②
	③	③	③	③	③	③
	④	④	④	④	④	④
	⑤	⑤	⑤	⑤	⑤	⑤
	⑥	⑥	⑥	⑥	⑥	⑥
	⑦	⑦	⑦	⑦	⑦	⑦
	⑧	⑧	⑧	⑧	⑧	⑧
	⑨	⑨	⑨	⑨	⑨	⑨

問	解　答　欄				
1	①	②	③	④	⑤
2	①	②	③	④	⑤
3	①	②	③	④	⑤
4	①	②	③	④	⑤
5	①	②	③	④	⑤
6	①	②	③	④	⑤
7	①	②	③	④	⑤
8	①	②	③	④	⑤
9	①	②	③	④	⑤
10	①	②	③	④	⑤
11	①	②	③	④	⑤
12	①	②	③	④	⑤
13	①	②	③	④	⑤
14	①	②	③	④	⑤
15	①	②	③	④	⑤

注意事項
(1)HB黒の鉛筆またはシャープペンシルで丁寧に記入すること。
(2)訂正するときはプラスチック製消しゴムで完全に消すこと。
(3)枠の外には一切書き込みを行わないこと。

記入例

正しい記入例　　線　うすい　はみ出し
正しくない記入例

気象予報士試験解答用紙
予報業務に関する専門知識

フリガナ	
氏　名	

受　験　番　号　欄

番号記入						
該当数字をマーク	⓪	⓪	⓪	⓪	⓪	⓪
	①	①	①	①	①	①
	②	②	②	②	②	②
	③	③	③	③	③	③
	④	④	④	④	④	④
	⑤	⑤	⑤	⑤	⑤	⑤
	⑥	⑥	⑥	⑥	⑥	⑥
	⑦	⑦	⑦	⑦	⑦	⑦
	⑧	⑧	⑧	⑧	⑧	⑧
	⑨	⑨	⑨	⑨	⑨	⑨

問	解　答　欄				
1	①	②	③	④	⑤
2	①	②	③	④	⑤
3	①	②	③	④	⑤
4	①	②	③	④	⑤
5	①	②	③	④	⑤
6	①	②	③	④	⑤
7	①	②	③	④	⑤
8	①	②	③	④	⑤
9	①	②	③	④	⑤
10	①	②	③	④	⑤
11	①	②	③	④	⑤
12	①	②	③	④	⑤
13	①	②	③	④	⑤
14	①	②	③	④	⑤
15	①	②	③	④	⑤

注意事項
(1)HB黒の鉛筆またはシャープペンシルで丁寧に記入すること。
(2)訂正するときはプラスチック製消しゴムで完全に消すこと。
(3)枠の外には一切書き込みを行わないこと。

記入例

正しい記入例　　線　うすい　はみ出し
正しくない記入例

受験番号						フリガナ	採点欄
						氏 名	

問1

(1) ① _____ ② _____ ③ _____

④ _____ ⑤ _____ ⑥ _____

⑦ _____ ⑧ _____ ⑨ _____

⑩ _____ ⑪ _____

(2) ① 通過時刻：_____時_____分

理由

② 通過時刻：_____時_____分

分母F：_____

③

問2

(1) トラフA：東経 _____ ° トラフB：東経 _____ °

(2) ① トラフＡ：方向 ＿＿＿＿＿＿＿＿　距離 ＿＿＿＿＿＿＿＿ km

　　　トラフＢ：方向 ＿＿＿＿＿＿＿＿　距離 ＿＿＿＿＿＿＿＿ km

②

２	つ	の	低	気	圧	は	、											

③

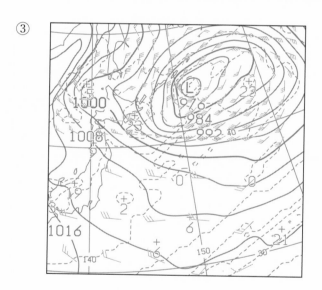

(3) ① 700hPa 面の鉛直流分布の特徴

　　850hPa 面の気温分布の特徴

②

③ ＿＿＿＿＿＿＿＿＿＿＿＿

④　㋐ ＿＿＿＿＿＿＿　　㋑ ＿＿＿＿＿＿＿　　㋒ ＿＿＿＿＿＿＿

　　㋓ ＿＿＿＿＿＿＿　　㋔ ＿＿＿＿＿＿＿　　㋕ ＿＿＿＿＿＿＿

　　㋖ ＿＿＿＿＿＿＿　　㋗ ＿＿＿＿＿＿＿　　㋘ ＿＿＿＿＿＿＿

問3

(1) 雲底の高度：＿＿＿＿＿＿＿hPa

　　参考にした等値線等：＿＿＿＿＿＿＿＿＿＿＿＿＿＿＿＿＿＿＿＿

(2) 浮力がなくなる高度：＿＿＿＿＿＿hPa

　　雲頂の気温：＿＿＿＿＿＿℃

問4

(1) ① 気温分布の特徴

　　エコー分布の特徴

②
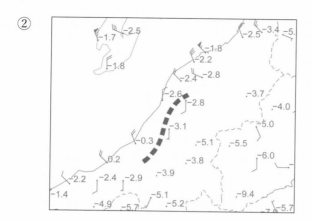

(2) ① ＿＿＿＿＿＿＿＿＿時

② 最も適切な文章：＿＿＿＿＿＿＿＿

理由
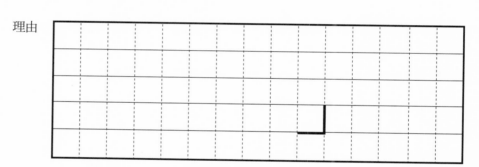

③ ＿＿＿＿＿＿＿＿＿＿

(3) ①

	6時～9時	9時～12時	12時～15時	15時～18時	18時～21時
3時間 降水量 (mm)		＿＿＿	＿＿＿	＿＿＿	＿＿＿
3時間 降雪量 (cm)	1 0	＿＿＿	＿＿＿	＿＿＿	＿＿＿

② ＿＿＿＿＿＿＿＿＿＿＿＿＿＿＿＿＿＿＿＿＿

受験番号

フリガナ

氏　名

採点欄

問 1

(1) ①　＿＿＿＿＿＿＿　②　＿＿＿＿＿＿＿　③　＿＿＿＿＿＿＿

④　＿＿＿＿＿＿＿　⑤　＿＿＿＿＿＿＿　⑥　＿＿＿＿＿＿＿

⑦　＿＿＿＿＿＿＿　⑧　＿＿＿＿＿＿＿　⑨　＿＿＿＿＿＿＿

⑩　＿＿＿＿＿＿＿　⑪　＿＿＿＿＿＿＿　⑫　＿＿＿＿＿＿＿

(2)　＿＿＿＿＿＿＿＿＿＿

(3)　＿＿＿＿＿＿＿＿＿＿

(4)

(5) 気温分布の特徴

(5) 乾湿の分布の特徴

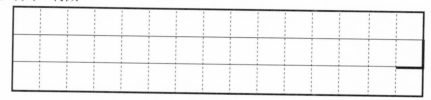

問2

(1) ① ⓐ ＿＿＿＿＿hPa

ⓑ
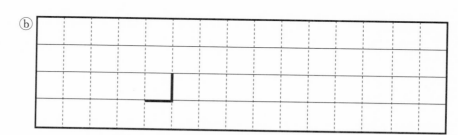

ⓒ
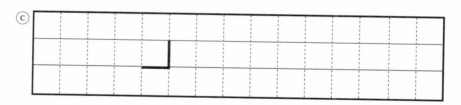

② ⓓ ＿＿＿＿＿＿＿＿＿＿＿＿＿＿＿＿＿＿

ⓔ ＿＿＿＿＿＿＿＿＿＿＿＿＿＿＿＿＿＿

ⓕ
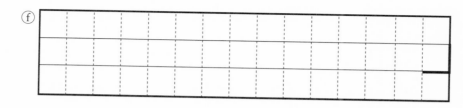

(2) ＿＿＿＿＿＿＿＿＿＿＿

(3) ①

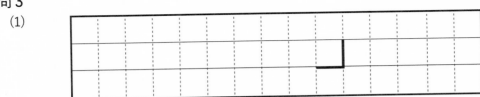

　② 中心気圧：＿＿＿＿＿＿＿　　　領域の広さ：＿＿＿＿＿＿＿

問 3

(1)

(2) ① 下の逆転層　高度：＿＿＿＿＿＿hPa　　移流の種類：＿＿＿＿＿＿＿＿

　　　　上の逆転層　高度：＿＿＿＿＿＿hPa　　移流の種類：＿＿＿＿＿＿＿＿

　② 750hPa〜550hPa：＿＿＿＿＿＿＿＿＿＿＿＿＿＿＿＿＿

　　　550hPa〜450hPa：＿＿＿＿＿＿＿＿＿＿＿＿＿＿＿＿＿

(3)

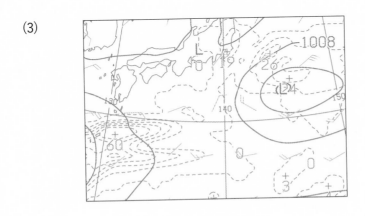

(4) ① ＿＿＿＿＿＿

② 風向の時系列

気圧の時系列

③ ＿＿＿＿＿＿＿＿km/h

④ 台風が久米島に最も近づいた地点の＿＿＿＿＿＿＿＿、＿＿＿＿＿＿＿km

⑤ ＿＿＿＿＿＿＿km

⑥ ＿＿＿＿＿＿＿

⑦ ＿＿＿＿＿＿＿mm

問 4

(1) ① ＿＿＿＿＿＿＿＿＿　② ＿＿＿＿＿＿＿＿＿　③ ＿＿＿＿＿＿＿＿＿

　　④ ＿＿＿＿＿＿＿＿　⑤ ＿＿＿＿＿＿＿＿

(2) ＿＿＿＿＿＿＿＿＿＿＿＿＿＿＿＿＿＿＿＿＿＿

（第 60 回配本）

令和5年度
第1回　気象予報士試験　模範解答と解説

2023 年 11 月 30 日　初版印刷
2023 年 12 月 10 日　初版発行

編　集　　天気予報技術研究会

発行者　　金　田　　功

印刷所　　三美印刷株式会社

製本所　　三美印刷株式会社

発行所　　株会
　　　　　式社　東 京 堂 出 版
〔〒 101-0051〕東京都千代田区神田神保町 1-17
電話　03-3233-3741
ホームページ　http://www.tokyodoshuppan.com/

ISBN978-4-490-21086-6 C2044　　　Ⓒ Tenkiyohōgizyutu Kenkyūkai 2023
Printed in Japan

ひまわり8号
気象衛星講座

伊東譲司・西村修司・田中武夫・岡本幸三 ―― 著

四六倍判　272頁　定価（本体4,500円＋税）

世界最先端の性能を持つ気象衛星「ひまわり8号」。その豊富な情報の内容を紹介し、的確な利用・分析手法を解説。立体的断面構造がわかる動画画像の DVD 付。

増補改訂新装版　気象予報のための
天気図のみかた

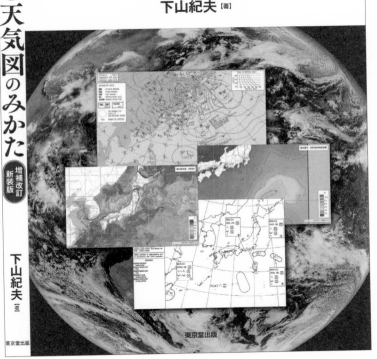

下山紀夫 ── 著

A4判　カラー口絵4頁　256頁　定価（本体5,000円+税）

各種解析図・予想図・予想資料を豊富に収録！
天気図上に記された情報の読み取り方を丁寧に解説。
最新技術による航空用・船舶用天気図も多数収録。

問2　図は2月のある日に、福井県にある気象庁の気象レーダー(福井レーダー)で観測した
レーダーエコーである。この図について述べた次の文章の下線部(a)～(d)の正誤の組み
合わせとして正しいものを、下記の①～⑤の中から1つ選べ。

　　上空では雪片だった降水粒子が、落下して周囲の気温が0℃となる高度を通過すると、
融けて雨滴になる。雪片が融けて雨滴になる途中の状態は、(a) 雨滴よりも粒が大きく、
固体(雪)の表面が液体で覆われている状態で、いわゆる「みぞれ」である。降水粒子は、
粒が小さいものより大きいものの方が、また、(b) 液体の状態であるよりは固体である
方が、気象レーダーの電波をよく反射する、という性質がある。図は、雪片が融解し
て雨滴に変わる「融解層」によって、局所的に環状の強いエコーが観測されたもので、
(c) 「エンゼルエコー」と呼ばれている。気象レーダーの観測はアンテナを一定の仰角
で回転させて行われており、図のような環状のエコーが観測されたということは、
(d) 融解層がほぼ一定の高度で水平方向に広がっていたことを示している。

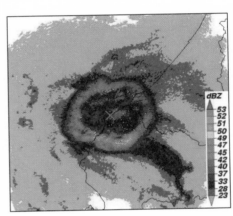

	(a)	(b)	(c)	(d)
①	正	正	誤	正
②	正	誤	正	正
③	正	誤	誤	正
④	誤	正	正	誤
⑤	誤	誤	誤	正

図　福井レーダーによる仰角4.0度のレーダーエコー
　　×は福井レーダーの位置。

本文 *p.*87 を参照して下さい.

問15 図1はある年の1月中旬における、対流圏上層のある気圧面の10日平均の高度とその平年偏差を示し、図2のア〜ウの内の1つは同じ期間の10日平均海面気圧と平年偏差を示している。これらの図に基づき、北半球の冬季の大気循環について述べた次の文章の空欄(a)〜(c)に入る語句の組み合わせとして正しいものを、下記の①〜⑤の中から1つ選べ。

ジェット気流のうち、高緯度側に位置し (a) hPa 高度付近に中心をもつものが寒帯前線ジェット気流である。その強弱の変動は北極振動と関係しており、北極振動が負の位相（海面気圧が北極域で平年より高く、中緯度域で平年より低い）のときには (b) 傾向がある。ユーラシア大陸上で寒帯前線ジェット気流が大きく蛇行すると、これに伴ってシベリア高気圧が変動し、日本の天候に大きく影響する。たとえば、図1のような蛇行が起きているときには図2の (c) のような海面気圧分布が見られる。

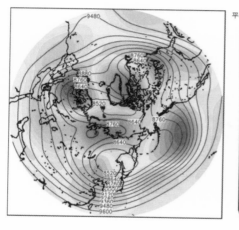

図1 ある年の1月中旬における、ある気圧面の10日平均高度(実線)と平年偏差(陰影)。単位は m。

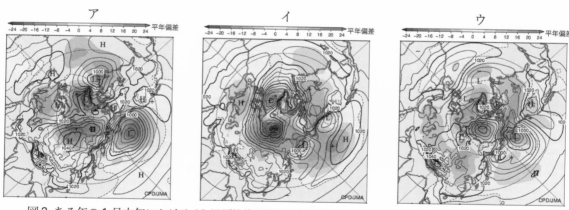

図2 ある年の1月中旬における10日平均海面気圧（実線）と平年偏差（陰影）。単位は hPa。

	(a)	(b)	(c)
①	300	弱い	ア
②	300	弱い	ウ
③	300	強い	イ
④	100	弱い	ア
⑤	100	強い	ウ

本文 p.117 を参照して下さい.

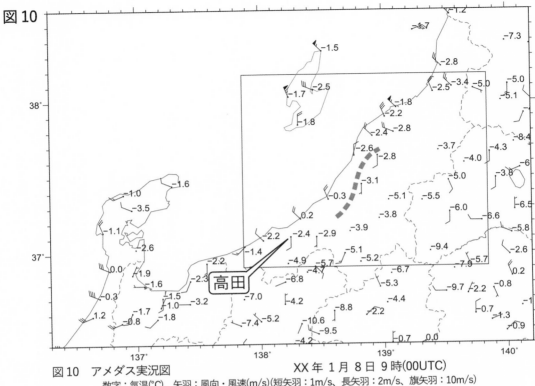

図10　アメダス実況図　　　　　　　　XX年1月8日9時(00UTC)
　　　数字：気温(℃)、矢羽：風向・風速(m/s)(短矢羽：1m/s、長矢羽：2m/s、旗矢羽：10m/s)
　　　四角枠：問4(1)の解答図の枠線

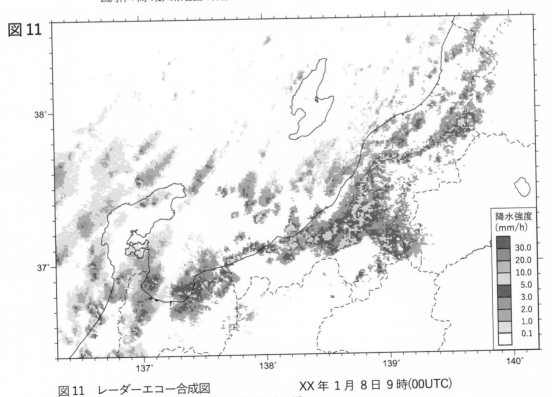

図11　レーダーエコー合成図　　　　　　XX年1月8日9時(00UTC)
　　　塗りつぶし域：降水強度(mm/h)(凡例のとおり)

本文 *p.*135 を参照して下さい.

図12

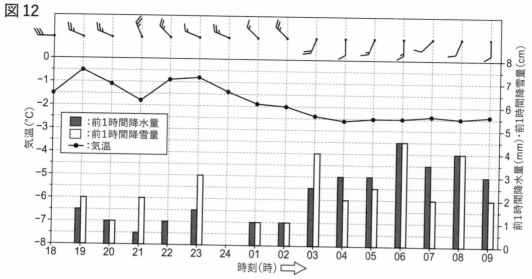

図12　高田における気象要素の時系列図
XX年1月7日18時〜8日9時(7日09UTC〜8日00UTC)

矢羽：風向・風速(m/s)(短矢羽：1m/s、長矢羽：2m/s、旗矢羽：10m/s)、高田の位置は図10に表示

図13

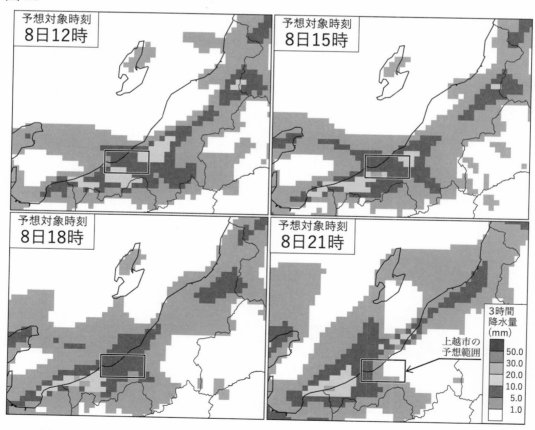

図13　メソモデルによる降水量06、09、12、15時間予想図
塗りつぶし域：前3時間降水量(mm)(凡例のとおり)、四角枠：上越市の予想範囲

初期時刻　XX年1月8日6時(7日21UTC)

本文 p.136 を参照して下さい.

本文 *p.*171 を参照して下さい.

図9

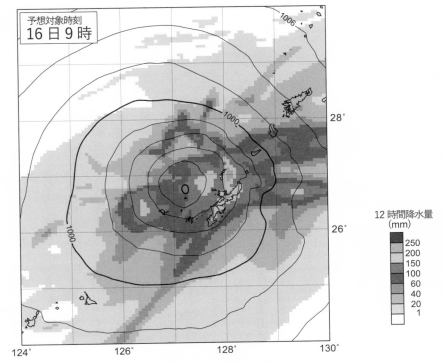

図9　メソモデルによる地上気圧・降水量 12 時間予想図
　　　実線：気圧(hPa)、等圧線の間隔：2hPa
　　　塗りつぶし域：予想時刻前 12 時間降水量(mm)(凡例のとおり)

　　　初期時刻　XX 年 6 月 15 日 21 時(12UTC)

図10

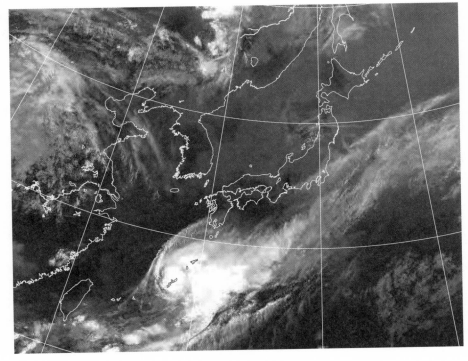

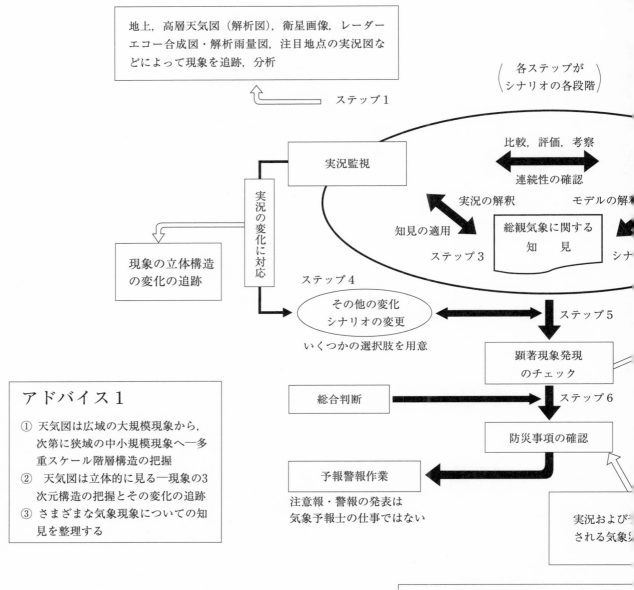

地上，高層天気図（解析図），衛星画像，レーダー
エコー合成図・解析雨量図，注目地点の実況図な
どによって現象を追跡，分析

ステップ1

各ステップが
シナリオの各段階

実況監視

比較，評価，考察

連続性の確認

実況の解釈　　　モデルの解

実況
の変
化に
対応

知見の適用　　総観気象に関する
知　見

ステップ3　　　　　　シナ

現象の立体構造
の変化の追跡

ステップ4

その他の変化
シナリオの変更

ステップ5

いくつかの選択肢を用意

顕著現象発現
のチェック

ステップ6

総合判断

防災事項の確認

アドバイス1

① 天気図は広域の大規模現象から，
次第に狭域の中小規模現象へ—多
重スケール階層構造の把握
② 天気図は立体的に見る—現象の3
次元構造の把握とその変化の追跡
③ さまざまな気象現象についての知
見を整理する

予報警報作業

注意報・警報の発表は
気象予報士の仕事ではない

実況および
される気象

アドバイス2

受験者は最初に問題全体をさっと見渡し
成り立ちを見きわめる．上の流れ図に沿っ
①主テーマを特定する．
②ストーリー展開・シナリオの筋道を把
③枝問がどのステップに対応している
④文章題の解答に必要なキーワードを特

実技試験合格基準（基本は70%）
公表された実績は
60%〜70%
程度

シナリオ構成と実技操作

れ（気象庁提供を一部改変）—

数値予報予想図，天気予報ガイダンス資料などによって，将来の状況を推定

ステップ2

実技試験の試験科目
① 気象概況およびその変動の把握
② 局地的な気象の予想
③ 台風等緊急時における対応

予測資料
ガイダンス資料

採用の適否
の骨格

第1回〜最近までの実技試験の主テーマの頻度

温帯低気圧	約51%
台風	約16%
梅雨前線	約12%
寒冷低気圧	約9%
冬型	約5%
ポーラーロウ	約4%
その他	約3%

〔例〕竜巻注意情報の作成

数値予報 （ポテンシャル）	レーダー （雨量強度等）	ドップラーレーダー （メソサイクロン）
竜巻が発生する可能性のある領域（広範囲）	竜巻が発生する可能性のある積乱雲の検出	竜巻が発生する可能性が高いメソサイクロンの検出

解析　　　　予測

危険域の解析 ＋ 移動速度

（不安定性を示す指標を確認）

気象予測のシナリオの作成から予報警報作業にいたるステップ　⟹　天気概況・天気予報文の作成

資料から予想
の確認

その問題全体の

する．
見きわめる．
する．

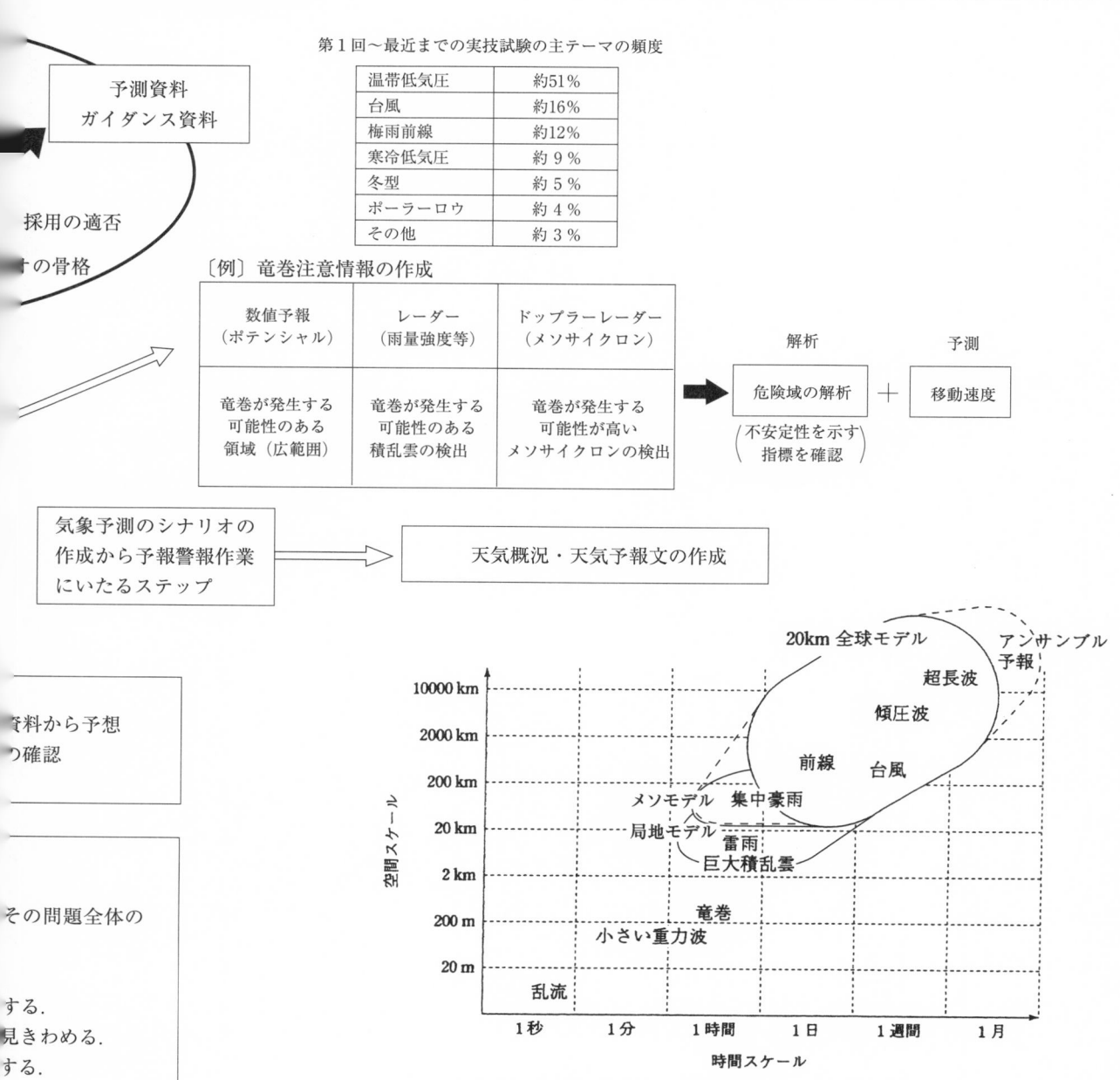

気象庁の現在の各業務用数値予報モデルが予報対象とする気象擾乱のスケール．